<<<<

BIM 技术与现代工程建造

主 编　张富宾　韩　豫　毕勤胜

副主编　刘军伟　吴　亥　贾学军　郑志涛　钱丹丹

>>>>

江苏大学出版社
JIANGSU UNIVERSITY PRESS

镇 江

图书在版编目（CIP）数据

BIM 技术与现代工程建造 / 张富宾，韩豫，毕勤胜主
编. -- 镇江：江苏大学出版社，2024.11
ISBN 978-7-5684-2077-8

Ⅰ. ①B… Ⅱ. ①张… ②韩… ③毕… Ⅲ. ①建筑设
计—计算机辅助设计—应用软件—教材 Ⅳ. ①TU201.4

中国国家版本馆 CIP 数据核字（2023）第 244366 号

BIM 技术与现代工程建造
BIM Jishu Yu Xiandai Gongcheng Jianzao

主　　编/张富宾　韩　豫　毕勤胜
责任编辑/郑晨晖
出版发行/江苏大学出版社
地　　址/江苏省镇江市京口区学府路 301 号（邮编：212013）
电　　话/0511-84446464（传真）
网　　址/http://press.ujs.edu.cn
排　　版/镇江市江东印刷有限责任公司
印　　刷/苏州市古得堡数码印刷有限公司
开　　本/787 mm×1 092 mm　1/16
印　　张/14.5
字　　数/353 千字
版　　次/2024 年 11 月第 1 版
印　　次/2024 年 11 月第 1 次印刷
书　　号/ISBN 978-7-5684-2077-8
定　　价/66.00 元

如有印装质量问题请与本社营销部联系（电话：0511-84440882）

前　言

本书将 BIM 技术相关理论与实际案例相结合，介绍了现代工程建筑全生命周期内不同阶段中 BIM 技术的应用，并融入智慧建造的理念，即利用 BIM、物联网、人工智能、云计算等技术构建信息协同化、可视化、工业化的现代工程建造环境。

本书结合了笔者近年来从事 BIM 技术相关教学的经验与研究成果，融入了 BIM 技术在构件参数化建模、地下空间灾害应急管理方面的研究成果，收录了部分 BIM 技术在设计、施工、运维各阶段的实际工程案例和全国高校 BIM 毕业设计创新大赛中土建施工、装配式建筑、工程造价管理等模块的优秀参赛作品。本书对项目不同阶段、不同维度如何使用 BIM 技术进行了介绍，紧紧围绕实际工程需要，可使读者更清晰地了解 BIM 技术在现代工程建造中的应用原理和技术方法，更深入地掌握现代工程建造中的信息化和智能化手段。

本书第 1、2、3 章由余霞、赵国栋、胡政、刘军伟、贾学军、张富宾编写，第 4、5 章由郑汝军、卢正义、张富宾、韩豫、吴亥、郑志涛编写，第 6 章由李秀莲、钱丹丹、张富宾、毕勤胜编写，全书由张富宾统稿。

在本书编写过程中，研究生徐镇烁、梁豪杰、杨涛等提出了宝贵的修改意见，中国建筑第二工程局有限公司提供了很多工程案例素材，在此一并表示感谢。

本书在编写过程中参考了大量与 BIM 技术相关的文献资料，在此向有关作者表示诚挚的谢意。

由于编者水平有限，书中存在的不当之处恳请广大读者批评指正。

编者

2024 年 9 月

目 录

第 1 章　BIM 技术概述

1.1　BIM 的定义及常用术语

1.1.1　BIM 的定义及由来

BIM（building information modeling）的全称是建筑信息模型，它是以三维数字技术为基础，集成建筑工程项目各种相关信息的工程数据模型，是对工程项目设施实体与功能特性的数字化表达。

《建筑信息模型应用统一标准》（GB/T 51212—2016）将 BIM 定义为：在建设工程及设施全生命期内，对其物理和功能特性进行数字化表达，并依此设计、施工、运营的过程和结果的总称。美国国家 BIM 标准委员会（NBIMS）发布的《美国国家 BIM 标准：第 3 版》对 BIM 是从 Building Information Modeling，Model or Management 三个方面进行描述的，其中对 Building Information Modeling 的定义是：一个在建筑设施全生命周期的设计、施工和运营活动中生成和利用建筑数据的业务流程。BIM 允许所有利益相关者之间通过技术平台的互操作同时访问相同的信息。

BIM 最早源于美国佐治亚理工学院（Georgia Institute of Technology）建筑与计算机专业的查克·伊斯曼（Chuck Eastman）博士提出的一个概念：建筑信息模型包含了不同专业的所有信息、功能要求和性能，把一个工程项目的所有信息（包括在设计过程、施工过程、运营管理过程的全部信息）整合到一个建筑模型中。

BIM 技术的出现是建筑行业发展的必然结果，它通过整合建筑项目信息、优化工作流程和提升效率，满足了建筑行业多方面的需求，包括协作效率、设计决策、施工计划和运营管理等，从而实现了对建筑项目全生命期内的管理和优化。

在使用 BIM 技术的情况下，建筑开发的效率及准确度大幅度提高，成本大幅度降低。支持 BIM 技术的软件系统功能也越来越强，可以帮助建筑师和其他相关专业人员进行实时协作与交流，并且可以提供整个设计和施工过程中的完整记录。BIM 作为一个功能强大、灵活性高、易于使用的数字化工具，逐渐成为建筑行业中数字化转型的核心。

1.1.2 BIM 常用术语

1. BIM 模型

BIM 模型是描述建筑体系和构成元素的数字化模型。BIM 模型有多个应用场景，例如规划、设计、施工、维护、操作等阶段。

2. BIM3D、BIM4D、BIM5D、BIM6D 和 BIM7D

BIM3D、BIM4D、BIM5D、BIM6D 和 BIM7D 分别代表不同的 BIM 应用维度。BIM3D 以包含项目信息的方式对对象进行建模，其模型不仅是对象的空间维度表示，还提供了项目文档所需的所有信息。BIM4D 是包含特定对象元素安装时间和顺序信息的模型，即加入了时间维度的 BIM 模型。BIM5D 中包含了成本维度，是 BIM 模型与成本估算和管理的结合。BIM6D 中包含了可持续性维度，包括模拟表现分析、能源消耗和环境贡献等。BIM7D 中包含了管理/运营维度，是一种以数字模型为基础的建筑物运营管理和倍量分析系统。

3. CIC BIM protocol

CIC BIM protocol（CIC BIM 协议），是建设单位和承包商之间的一个具有法律效益的补充性协议，已被并入专业服务条约和建设合同之中，是对标准项目的补充。它规定了雇主和承包商的额外权利和义务，从而促进相互之间的合作，同时有对知识产权的保护和对项目参与各方的责任划分。

4. CDE

CDE（common data environment，公共数据环境），它是一个所有项目相关者都可以访问的中心信息库，此外，对 CDE 中所有数据的访问都是实时的，CDE 的所有权仍由创始者持有。

5. LOD

LOD（level of details，BIM 模型的发展程度或细致程度），描述了一个 BIM 模型构件单元从最低级的近似概念化的程度发展到最高级的演示级精度的步骤。LOD 级别越高，模型越详细。LOD 主要运用于确定模型阶段输出结果及分配建模任务这两个方面。

6. COBie

COBie（construction operations building information exchange，施工运营建筑信息交换），是一种以电子表单呈现的用于交付的数据形式，为了调频交接包含了建筑模型中的一部分信息（除了图形数据）。

7. DES

DES（data exchange specification，数据交换规范），是不同 BIM 应用软件之间进行数据文件交换的一种电子文件格式的规范，提高了文件交换的可操作性。

8. Federated mode

Federated mode（联邦模式），本质上这是一个合并了的建筑信息模型，将不同的模型合并成一个模型是多方合作的结果。

9. GSL

GSL（government soft landings，政府软着陆程序）是一个由英国政府开始的交付仪式，它的目的是减少成本（资产和运行成本）、提高资产交付和运作的效果，同时受助于建筑信息模型。

10. IFC

IFC（industry foundation classes，行业基础类）是一种开放的、国际性的包含各种建设项目设计、施工、运营各个阶段所需要的全部信息的 BIM 数据格式，它使得不同 BIM 系统之间可以共享数据，以便在建筑、工程和施工软件应用程序之间进行交互。

11. Clash 检查

Clash 检查是 BIM 模型中检查不同构件之间冲突的方法，例如，管道穿过建筑物的某些区域时与结构元素相撞，这些冲突会导致建筑图纸上出现错误和不一致，并且可能需要重新设计或修改构件以符合规范。BIM 软件可以分析模型中不同构件之间是否存在冲突并给出解决方案。

12. PM

PM（parametric modeling，参数化建模），是一种将设计过程中的参数嵌入模型中的方法。这种方法可以在进行模型调整的同时更新所有相关的信息，从而简化设计过程。

13. CD

CD（computational design，计算设计），也被称为数字化设计，是一种在模型中实现自动化设计和分析的方法。在设计阶段，如几何反演、面积分、曲面细分、数据分析等方面都可以运用计算设计。

14. IM

IM（information manager，信息管理者），本质上是一个负责 BIM 程序下资产交付的项目管理者。

15. 分区

BIM 模型中的分区是指将建筑物划分成不同的区域或部分。分区在计算能源消耗时有助于进行更准确的分析和计算。

16. BPA

BPA（building performance analysis，建筑性能分析），是一种通过使用计算机模型和仿真技术来评估建筑物不同性能的方法。它通常基于建筑物的设计和工程数据，利用专业软件进行模拟，从而可以对建筑物的能源效率、照明、热舒适性、空气质量、室内外环境等进行定量分析和评估。

17. EAM

EAM（energy analysis model）即能源分析模型，这是从 BIM 模型中派生的模型，用于输入能源耗用和计算系统的最优化。这种模型包含一个几何体的 3D 表示，以及每个区域的材料和属性。

18. GDL

GDL（geometric description language，描述三维对象的图形语言），是 ArchiCAD 软件的一部分，与 Revit 等其他 BIM 软件相比，ArchiCAD 使用 GDL 来模型化对象，可以自定义构件、材料和伸缩形状等。

19. LCA

LCA（life-cycle assessment，全生命周期评估）是对建筑资产从建成到退出使用整个过程中对环境影响的评估，主要是对能量与材料消耗、废物与废气排放的评估。

20．BEP

BEP（BIM execution plan，BIM 实施计划），分为合同前 BEP 和合作运作期 BEP，合同前 BEP 主要负责雇主的信息要求，即在设计和建设中纳入承包商的建议；合作运作期 BEP 主要负责合同交付细节。

21．Open BIM

Open BIM 是一种开放的建筑信息模型方法，通过使用公共标准和工作流程实现不同软件和工具之间的互操作性和协作性，即为所有项目参与者提供无缝协作的可共享项目信息。

1.2　BIM 技术的发展

1.2.1　BIM 技术国内发展过程

1991 年，当时的国务委员宋健提出"甩掉绘图板"（后被简称为"甩图板"）的号召，我国政府开始重视对 CAD（computer aided design，计算机辅助设计）技术的应用与推广，并促成了一场在工业各领域轰轰烈烈的企业革新。"甩图板"工程推动了二维 CAD 技术的普及和应用，该工程的推广不仅大大提高了设计质量、加快了设计进度，而且通过多方案的比选与优化，一般可节约 3%~5%的基建投资。

建筑信息化第一次革命是 CAD 绘图软件的出现，结束了"手工绘图"时代，设计师开始甩掉图板，通过绘图软件进行作图设计。BIM 技术开启了建筑信息化第二次革命。BIM 技术的出现使得设计师们的工作方式从依靠强大空间思维能力的二维设计和沟通变成直观且方便的三维设计和沟通，从传统的图线绘制变成立体的三维建模（图 1-1）。建筑信息化从 CAD 时代进入 BIM 时代。BIM 不仅可运用在设计环节，而且可贯穿建筑全生命周期，提高了建筑流程不同环节的信息化程度。

图 1-1　CAD 技术、BIM 技术推动建筑信息化领域的两次革命

CAD 仅仅是将图纸数字化，而 BIM 则是将设计三维化、系统化，得到的不仅是图纸，而且是整个建筑信息模型（如果需要，还可通过工具生成局部区域的二维图纸）。另外，CAD 得到的结果是静态的、平面的，而 BIM 得到的结果是动态的、立体的。对比可知，CAD 时代向 BIM 时代转变并非简单地从二维向三维转变，而是在理念和模式上的明显改变。

1.2.2 BIM 技术国外发展现状

在国外，BIM 技术的发展和应用起步较早。20 世纪 70 年代，美国、欧洲等地的学者和企业开始探索基于计算机的建筑设计和管理方法，为 BIM 技术的形成奠定了基础。到了 20 世纪 90 年代，随着计算机技术和网络技术的成熟，BIM 技术开始在全球范围内得到应用和推广。美国、英国、新加坡、德国、韩国、日本等国家纷纷在政府、行业和企业层面制定了 BIM 的标准、规范和政策，推动了 BIM 技术的快速发展。

（1）美国

美国是最早开始使用 BIM 技术的国家之一，在 BIM 技术的应用方面已经较为成熟。主管全美联邦政府不动产资产管理的美国总务管理局（General Service Administration，GSA）为提倡政府公共项目使用 BIM 技术之先锋，针对 BIM 技术带来专业垂直整合之整合专案交付作业模式。2007 年开始，其主要建筑计划必须提交 3DBIM 信息模型。美国建筑师协会（American Institute of Architects，AIA）于 2008 年提出全面以 BIM 技术为主整合各项作业流程，彻底改变建筑设计传统思维。美国政府已经颁布了《气候、能源和经济安全法案》，要求 2012 年起所有政府机构在大型建筑项目中使用 BIM 技术。美国联合总承包商（Associated General Contractors of America，AGC）也制定了整合专案交付相关的契约条文。

（2）英国

2009 年伦敦地铁系统以 BIM 技术作为全线设计与施工之平台。2011 年，英国政府提出了"英国 BIM 路线图"（BIM Strategy），正式明确在 2016 年之前要从中央政府建设项目中推广使用 BIM 技术。英国政府还成立了协调 BIM 起草工作并督促各机构和行业逐步实施 BIM 计划的相关组织。英国也成立了"BIM Task Group"，专门负责推广 BIM 技术，并发布了英国建筑业 BIM 标准［AEC（UK）BIM Standard］等文件，为英国 BIM 技术的推广提供了有力的法律支持。

（3）新加坡

在 BIM 这一术语引进之前，新加坡当局就注意到信息技术对建筑业的重要作用。早在 1982 年，建筑管理署（Building and Construction Authority，BCA）就有了人工智能规划审批的想法，2000—2004 年，发展建筑信息化 CORENET（Construction and Real Estate NETwork）项目，用于电子规划的自动审批和在线提交，这是世界首创的自动化审批系统。2011 年，BCA 发布了新加坡 BIM 发展路线规划（BCA's Building Information Modelling Roadmap），规划明确提出推动整个建筑业在 2015 年之前广泛使用 BIM 技术，从 2015 年开始要求运用 BIM 技术兴建所有建筑工程。

（4）欧洲其他国家

法国、德国、丹麦、荷兰、瑞典等国也进行了大量的 BIM 技术应用工作。在法国，政府已经明确提出了 BIM 的应用目标和实施方案，并成立了相应的组织机构，推广了 BIM 技术在公共建筑领域的应用。在德国，BIM 技术被纳入"数字化建筑"的政策内容，政府也发布了《BIM 行动计划》。在丹麦，公共工程项目若超过 200 万欧元，规定必须使用 BIM 模型与 IFC 标准。此外，瑞典和荷兰等国家也在 BIM 技术应用方面有着先进的经验和成果。

（5）韩国

韩国在运用 BIM 技术方面十分超前，多个政府部门都致力于制定 BIM 标准。2010 年 1 月，韩国国土交通海洋部发布《建筑领域 BIM 应用指南》，该指南是建筑业业主、建筑师、设计师等采用 BIM 技术时必需的要素条件以及方法等的详细说明书，有助于在公共项目中系统地实施 BIM 技术，同时也为企业建立实用的 BIM 实施标准。2010 年 4 月，韩国公共采购服务中心（Public Procurement Service，PPS）建立全国性 BIM 技术发展项目计划；2010 年 12 月，PPS 发布了《设施管理 BIM 应用指南》，针对设计、施工图设计、施工等阶段中的 BIM 应用进行指导，并于 2012 年 4 月对其进行了更新。

（6）日本

2009 年，大量的日本设计公司、施工企业开始应用 BIM 技术，而日本国土交通省也在 2010 年 3 月表示，已选择一项政府建设项目作为试点，探索 BIM 技术在设计可视化、信息整合方面的价值及实施流程。2012 年 7 月，日本建筑学会发布了日本 BIM 指南，从 BIM 团队建设、BIM 数据处理、BIM 设计流程、应用 BIM 进行预算和模拟等方面为日本的设计院和施工企业应用 BIM 技术提供了指导。

1.2.3 BIM 技术国内发展现状

2002 年，BIM 技术由欧特克公司首次引入中国。目前，在中国 BIM 技术正被越来越多的人所熟知，建筑行业正经历着一场 BIM 技术的洗礼，由传统 CAD 绘图到 BIM 绘图及综合建筑后续管理模式的变革。我国很多软件公司、设计单位、房地产开发商、施工单位、高校科研机构等都已经陆续设立了 BIM 研究机构。

现在 BIM 技术在国内建筑业已形成一股热潮，除了前期软件厂商的大力呼吁，政府部门相关单位、各行业协会与专家、设计单位、施工企业、科研院校等也开始重视并推广 BIM 技术。我国的 BIM 技术应用虽然起步晚，但发展速度很快，许多企业积极应用 BIM 技术，出现了一批 BIM 技术应用的标杆项目，同时，BIM 技术的发展也得到了政府的大力推动。

但是 BIM 技术在我国的发展并没有想象中那么理想，尤其是在二、三线城市，BIM 技术的发展状况不容乐观。其主要原因是我国建筑行业内部对 BIM 技术的认识定位模糊、已完工程项目信息丢失严重、应用 BIM 技术的外部环境不成熟、工程项目管理水平较低、掌握 BIM 技术相关工具和理念且能够结合企业实际需求的复合型 BIM 人才匮乏。

1.2.4 BIM 技术相关政策及标准

BIM 技术作为国家建设行政主管部门层面的首次发声，源于 2011 年 5 月 10 日住房

和城乡建设部《关于印发的 2011—2015 年建筑业信息化发展纲要》，纲要中共 9 次提到
BIM 技术，强调"十二五"期间基本实现建筑企业信息系统的普及应用。该纲要明确
指出：在施工阶段开展 BIM 技术的研究与应用，推进 BIM 技术从设计阶段向施工阶段
的应用延伸，降低信息传递过程中的衰减；研究基于 BIM 技术的 4D 项目管理信息系统
在大型复杂工程施工过程的应用，实现对建筑工程有效的可视化管理等。纲要将 BIM
技术作为建筑企业信息化系统的重要组成部分，加速推动建筑业信息化建设，这拉开了
BIM 技术在中国应用的序幕。

2012 年 1 月，住房和城乡建设部《关于印发 2012 年工程建设标准规范制订修订计
划的通知》宣告了中国 BIM 技术标准制定工作的正式启动，其中包含五项 BIM 技术相
关标准：《建筑工程信息模型应用统一标准》《建筑工程信息模型存储标准》《建筑工程
设计信息模型交付标准》《建筑工程设计信息模型分类和编码标准》《制造工业工程设
计信息模型应用标准》。其中，《建筑工程信息模型应用统一标准》的编制采取"千人千
标准"的模式，邀请行业内相关软件厂商、设计院、施工单位、科研院所等近百家单位参
与标准研究项目、课题、子课题的研究。从此，工程建设行业的 BIM 热度日益高涨。

2013 年，住房和城乡建设部发布《关于征求关于推荐 BIM 技术在建筑领域应用的
指导意见（征求意见稿）意见的函》，征求意见稿中指出：2016 年以前政府投资的 2 万
平方米以上大型公共建筑以及省级绿色建筑项目的设计、施工采用 BIM 技术；截至
2020 年，完善 BIM 技术应用标准、实施指南，形成 BIM 技术应用标准和政策体系。

2014 年，住房和城乡建设部印发的《关于推进建筑业发展和改革的若干意见》中
指出了推进 BIM 技术在工程设计、施工和运行维护全过程的应用，明确了 BIM 技术的
应用主要阶段，并为市场试点提供了建议应用场景。各地方政府关于 BIM 技术的讨论
更加活跃，上海、北京、广东、山东、陕西等地区相继出台了各类具体的政策推动和指
导 BIM 技术的应用与发展。

2015 年，住房和城乡建设部印发《关于推进建筑信息模型应用的指导意见》，意见
明确了到 2020 年末，建筑行业甲级勘察、设计单位以及特级、一级房屋建筑工程施工
企业应掌握并实现 BIM 与企业管理系统和其他信息技术的一体化集成应用。该指导意
见对于 BIM 技术的发展具有相当大的扶持力度，使 BIM 技术的应用更加规范化，做到
有据可依，不再是空泛的技术推广。

2016 年，住房和城乡建设部发布了"十三五"纲要——《2016—2020 年建筑业信
息化发展纲要》。相比于"十二五"纲要，该纲要引入了"互联网+"概念，以 BIM 技
术与建筑业发展深度融合，塑造建筑业新业态为指导思想，实现企业信息化、行业监管
与服务信息化、专项信息技术应用及信息化标准体系的建立，达到基于"互联网+"的
建筑业信息化水平升级。

随后国务院办公厅在《关于促进建筑业持续健康发展的意见》中要求加强技术研
发应用，加快推进 BIM 技术在规划、勘察、设计、施工和运营维护全过程的集成应用，
实现工程建设项目全生命周期数据共享和信息化管理，为项目方案优化和科学决策提供
依据。该意见也是国务院首次对建筑业在 BIM 技术应用上提出具体要求，为后续推进
建筑业数字化转型构建数据基础。

2020 年，住房和城乡建设部联合多部委发布《关于推动智能建造与建筑工业化协同发展的指导意见》《关于加快新型建筑工业化发展的若干意见》。两份文件督促建筑业的工业化升级发展在建造全过程中加大与 BIM 等新技术的集成与创新应用，强调在发展 BIM 技术创新的同时，对行业管理和底层技术核心也提出具体要求。《关于加快新型建筑工业发展的若干意见》对行业管理部门提出要求，要求推进试点基于 BIM 报建审批和施工图 BIM 审图模式。同时，受国际环境局势的影响，技术上也强调需要提升自主可控 BIM 技术，支持 BIM 底层平台软件的研发，通过提升底层技术的自研能力为产业升级保驾护航。

2022 年，住房和城乡建设部印发《"十四五"建筑业发展规划》，规划中提出要夯实以 BIM 技术为代表的标准化和数字化基础，推动工程建设全过程数字化成果的交付和应用。该规划的提出将在接下来的几年中促进一批 BIM 软件骨干开发企业的孵化和专业人才的培养，为更多企业提供基于 BIM 技术的云服务指引。

总体来说，国家政策是一个逐步深化、细化的过程，从普及概念到工程项目全过程的深度应用再到相关标准体系的建立完善，由点到面，逐渐完成 BIM 技术应用的推广工作，硬性要求应用比率以及和其他信息技术的一体化集成应用，同时逐渐上升到管理层面，开发集成、协同工作系统及云平台，提出 BIM 的深层次应用价值，如与绿色建筑、装配式建筑及物联网的结合，以及"BIM+"技术的集成，使 BIM 技术广泛应用于建筑业的各个方面。

在标准建设方面，自 2012 年以来，住房和城乡建设部已陆续发布了诸多 BIM 国家标准，分别为应用标准、分类和编码标准、存储标准、交付标准、设计应用标准和施工应用标准。根据《"十四五"建筑业发展规划》，后续还将完善数据接口标准、信息交换标准，持续推进 BIM 技术与生产系统、项目管理系统、建筑产业互联网平台的集成应用。表 1-1 所示为国内部分 BIM 技术相关标准情况，目前 BIM 技术在推广中已建立国家标准、地方标准、行业标准、企业标准四级体系。

表 1-1　国内部分 BIM 技术相关标准情况

标准名称	实施日期	类型	状态
《建筑信息模型应用统一标准》（GB/T 51212—2016）	2017 年 7 月 1 日	国家标准	现行
《建筑信息模型施工应用标准》（GB/T 51235—2017）	2018 年 1 月 1 日	国家标准	现行
《建筑信息模型分类和编码标准》（GB/T 51269—2017）	2018 年 5 月 1 日	国家标准	现行
《建筑信息模型设计交付标准》（GB/T 51301—2018）	2019 年 6 月 1 日	国家标准	现行
《建筑工程设计信息模型制图标准》（JGJ/T 448—2018）	2019 年 6 月 1 日	国家标准	现行
《建筑信息模型数据存储标准》（SJG 114—2022）	2022 年 6 月 15 日	地方标准	现行
《广东省建筑信息模型应用统一标准》（DBJ/T 15—142—2018）	2018 年 9 月 1 日	地方标准	现行
《湖南省民用建筑信息模型设计基础标准》（DBJ 43/T004—2017）	2017 年 11 月 1 日	地方标准	现行

续表

标准名称	实施日期	类型	状态
《湖南省装配式建筑信息模型交付标准》（DBJ 43/T519—2020）	2021 年 4 月 1 日	地方标准	现行
《建筑信息模型（BIM）施工应用技术规范》（DB2102/T 0071—2023）	2023 年 3 月 19 日	地方标准	现行
《房屋建筑工程招标投标建筑信息模型技术应用标准》（SJG 58—2019）	2019 年 12 月 1 日	地方标准	现行
《建筑工程信息模型设计交付标准》（SJG 76—2020）	2020 年 9 月 1 日	地方标准	现行

1.3　BIM 技术的特点

1. 可视化

BIM 技术可以实现全方位、多角度的可视化展示，并且通过不同颜色、材质和透明度等方式呈现出建筑物的各种属性和规格。可视化在建筑行业中的作用非常大。通过 BIM 技术可以形成三维的立体模型，大大提高了建筑设计的可理解性和直观性。

建筑业常使用效果图来展示设计，但这类效果图通常由专业制作团队手动设计制作，运用线条式信息表示，而非通过构件信息自动生成。因此，这种效果图缺乏与构件之间的互动性和反馈性，而 BIM 技术的可视化特点能够使其生成的模型与构件之间形成互动性和反馈性，实现有效的可视化交互。在 BIM 技术应用中整个过程都是可视化的，不仅仅是展示效果图及生成报表，更重要的是项目设计、建造及运营过程中的沟通、讨论、决策，都在可视化的状态下进行。

（1）设计可视化

设计可视化是指利用 BIM 技术创建建筑物三维模型，并使用该模型制作直观、生动的效果图和漫游视频等，将建筑模型用数字形式进行可视化展示。在 BIM 设计中，设计师可以构建具有结构、机电、暖通等各个专业参数的建筑模型。这些参数信息可以直接转化为可视化呈现的模型对象，为用户提供交互式、沉浸式的空间体验。

通过 BIM 技术设计可视化的特点，用户可以轻松地从多个角度观察建筑模型，从而更好地区分建筑物的不同部分或功能。设计师也可以对建筑模型中的各种元素进行标记和注释，实现高清晰度的渲染和特效制作，提高设计效率和表现力。同时，BIM 技术设计可视化的特点允许设计师和客户以一种非常生动、直观的方式，在线体验和评估建筑项目的效果。它可以更全面、更快速地反映出设计意图，减小资料传递的偏差，让设计团队和业主更加高效地合作。图 1-2 为楼梯结构节点设计可视化 BIM 模型。

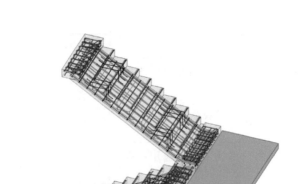

图 1-2　楼梯结构节点设计可视化 BIM 模型

（2）施工可视化

施工可视化是 BIM 技术在施工领域的应用，它是将 BIM 模型和施工进度计划相结合的一种方法，实现施工过程的形象化展示，如图 1-3 所示。施工可视化通过将三维 BIM 模型与时间、成本等进度计划数据相结合，呈现实时的施工进度状态，直观地反映施工过程中的冲突、风险和机会。BIM 技术施工可视化创建的不仅是空间维度的三维模型，同时融合了时间维度的概念，极大地改变了设计和施工人员的协作方式，从而促使建筑项目达成更高品质、更早完成施工、更低成本的目标。

图 1-3　BIM 施工可视化图示

此外，BIM 技术施工可视化还可以为相关人员提供交互式、沉浸式体验，以便其更好地了解建筑项目的整体构造。设计和施工人员可以轻松完成对各种模型物理性质的虚拟测试，在安全性、稳定性和持久性等方面进行全面评估。这些模拟测试在施工前可以帮助识别风险项，并制订必要的措施，以免出现软硬件冲突或者工人施工困难的特殊情况。

复杂构造节点可视化，即利用 BIM 的可视化特性可以全方位呈现复杂构造节点的结构，如复杂的钢筋节点、幕墙节点等。图 1-4 是复杂机电管线节点的可视化应用，传统 CAD 图样难以清晰呈现，而在 BIM 中可以很好地展现，甚至可以做成节点动态视频，有利于施工和技术交底。

图 1-4　复杂机电管线节点的可视化

通过将现代信息技术应用于建筑施工过程中，BIM 技术施工可视化大大增强了项目管理的可视化程度和有效性，取得了良好的经济效益和社会效益。随着数字化的趋势日益明显，使用 BIM 技术实现施工过程可视化逐渐成为建筑行业的主流。

（3）设备可操作性可视化

设备可操作性可视化是指通过 BIM 技术将各种工程设备在施工中的使用情况及安装状态以三维形式呈现出来。通过这种方式，施工人员可以直观地了解各种设备在特定环境下的安装状态、使用情况和工作效率。将设备与 BIM 模型相结合，可以帮助确定设备的位置和运行状态，并优化设备设计，提高工程效率。

基于 BIM 技术的设备可操作性可视化可以满足多种应用场景的需要。例如，它对建筑物内部小型设备的位置和数量进行可视化展示，有利于在施工中更快捷地定位和调整轻量级设备，降低人力成本。同时，在大型设备安装中，基于 BIM 技术的设备可操作性可视化还能协助诊断其配置是否合理，模拟安装位置和上线效果，从而避免未来更大的设备迁移成本风险。

此外，在建筑物的系统工艺跨度较大或设备分散分布时，设备可操作性可视化也可以有效协调控制单一设备间的关联性。通过这种方法，可以提供解决工序交错、资源需求分配等问题的方案，并且在安全保护方面更好地发挥作用。

2．一体化

BIM 技术能实现建筑设计和管理各个环节的一体化，包括结构、机电、暖通、给排水等各个专业。这意味着 BIM 可以让设计师和承包商在同一个平台上协同工作，减少不必要的误差，提高工作效率和品质。一体化是指在建筑全生命周期中，将 BIM 技术广泛地应用于各个环节，并通过互联网、云计算等技术手段来统一管理建筑物相关信息并使之充分集成的过程，也就是指在设计、施工、运营等所有阶段中集成建筑物相关信息和应用 BIM 技术。

BIM 技术一体化综合利用了数据库管理、三维模型展示、项目协同管理、基于规则的自动化，以及模拟仿真等多项技术，在几何形状、属性信息和其他数据方面进行统一建模，并将其存储在单一的、可共享的项目模型中。该模型提供了一个空间数据模型平台用于支持构件库、工程协作及工程资产管理等多种建设活动。与传统 CAD 平面制图不同，BIM 提供的是立体化的模型，能为建造者、用户和管理员带来更加精细的信息。

3. 参数化

参数化是 BIM 技术的一个重要部分，通过自动化创建和调整建筑元素，可以极大地提高设计效率和准确性。BIM 技术采用面向对象的思想，将建筑元素抽象成独立的对象，并对每个对象的参数进行描述，通过修改这些参数，可以快速地完成建筑元素的设计或者调整，同时也方便后期的项目管理和维护。

BIM 技术的参数化设计分为两个部分，即"参数化图元"和"参数化修改引擎"。"参数化图元"指的是 BIM 中的图元以构件的形式出现，这些构件之间的不同是通过参数的调整反映出来的，参数保存了图元作为数字化建筑构件的所有信息；"参数化修改引擎"指的是参数更改技术使用户对建筑设计或文档部分做的任何改动都可以在其他相关联的部分自动反映出来。图 1-5 为 BIM 技术参数化设计。

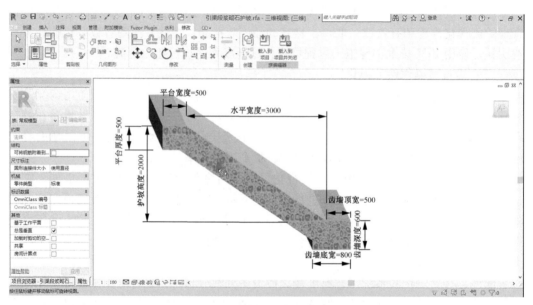

图 1-5　BIM 技术参数化设计

在参数化的过程中，设计师可以选择使用视频、图像、三维动画等可视化形式将设计呈现，让客户或用户更直观地感受其魅力。参数化可以灵活地调整建筑的形状、功能、尺寸、级别、颜色、材料等属性，以便更好地反映出不同的设计意图，并可以在保证其符合实际施工过程的条件下对整个模型进行检查，从而进一步提升施工效率和准确度。图 1-6 为 BIM 技术参数化建模。

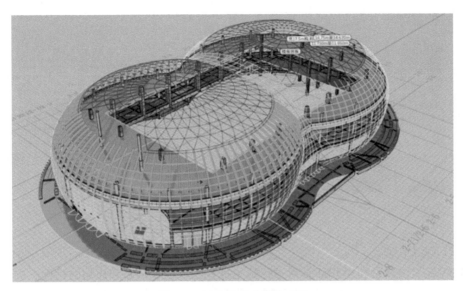

图 1-6　BIM 技术参数化建模

在参数化设计系统中，设计人员根据工程关系和几何关系来指定设计要求。参数化设计的本质是在可变参数的作用下，系统能够自动维护所有的不变参数。因此，参数化模型中建立的各种约束关系正是体现了设计人员的设计意图。参数化设计可以大大提高模型的生成和修改速度。

4. 仿真性

仿真性是 BIM 技术的另一个重要特点，BIM 技术的仿真指的是通过虚拟现实（virtual reality，VR）技术对建筑物进行全面的模拟和分析，从而实现对不同设计方案的评估、优化和比较。BIM 技术可以进行各种仿真分析，如性能仿真、流程仿真、可视化仿真等，从而帮助设计师预测和评估各种场景下的建筑性能。仿真性可以大大提高建筑师和工程师的决策能力，同时也可以提供更好的沟通平台，使相关方面更容易理解和相互协作。

在仿真中，使用者可以通过建立三维模型对建筑物内部结构、材料、照明、热力学等方面进行模拟和分析，以便更加全面、准确地评估建筑方案的可行性。BIM 仿真技术可以快速地调整参数和模型，并进行多种模拟，以便从中找出最佳方案。

（1）建筑物性能分析仿真

建筑物性能分析仿真即基于 BIM 技术，建筑师在设计过程中赋予所创建的虚拟建筑模型大量建筑信息（几何信息、材料性能、构件属性等），然后将 BIM 模型导入相关性能分析软件，就可得到相应分析结果。这一性能大大缩短了工作周期，提高了设计效率。

性能分析主要包括能耗分析、光照分析、设备分析、绿色分析等。图 1-7 为建筑物性能分析仿真。

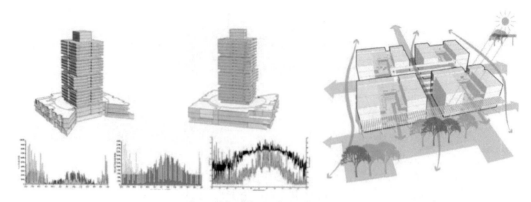

图 1-7 建筑物性能分析仿真

（2）施工仿真

BIM 施工仿真是利用 BIM 技术进行施工过程的可视化仿真和规划的过程。它通过将 BIM 中的构件、设备、材料等元素与施工进度和资源相关联，模拟和展示建筑项目的施工过程。在 BIM 施工仿真中，BIM 模型会被用作输入数据源，包括模型的几何形状、材料属性、构件关系等，此外，还需要考虑施工计划、施工方式、资源需求等因素。

通过对 BIM 模型进行处理和分析，可以生成可视化的施工场景，模拟各个施工阶段的执行顺序和过程。施工仿真可以帮助识别并解决潜在的冲突和问题，优化施工序列、资源调配和工期安排，提前发现和预防施工风险。此外，BIM 施工仿真还支持项目团队协作，提高施工效率和质量，并为客户、设计师和承包商等相关方提供参与和评估的机会。图 1-8 为 BIM 技术施工仿真。

图 1-8 BIM 技术施工仿真

（3）运维仿真

BIM 模型包括物业中需要的所有信息，同时为物业改建、扩建、重建或退役等重大变化提供完整的原始信息。

BIM 运维仿真是 BIM 技术在建筑运营与维护阶段的应用，通过对建筑设施和系统的数字化仿真，可以提供全面、系统的运维管理方案。BIM 运维仿真可以通过搜集和整理建筑设备及系统的数据，使用现代科技（如虚拟现实和增强现实等技术）让运营和维护人员能够更好地了解设施和系统的运作情况，并采取恰当的措施快速查询设备的所有信息，如生产厂商、使用寿命期限、联系方式、运行维护情况及设备所在位置等。BIM 运维仿真可以大大提高设施和系统的效率和可持续性，减少设施和系统故障，同时也节约时间和成本。图 1-9 至图 1-11 为 BIM 运维仿真案例。

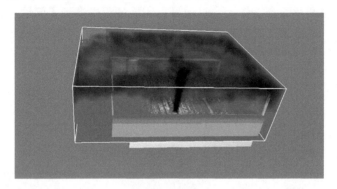

图 1-9　某电影院火灾烟雾 BIM 运维仿真

图 1-10　某商业综合体应急管理 BIM 运维仿真

图 1-11　BIM 运维平台实例

5. 协调性

协调性是指在 BIM 技术中，对各种设计信息进行整合、匹配和协调的能力和方法（图 1-12）。BIM 技术可以把不同尺度、不同维度和不同功能的设计提取出来，整合成一个全面展现的模型，从而帮助团队共同工作以完成不同阶段的任务，并通过数据分析等方式减少错误，提高效率。

BIM 技术可以实现对建筑设计和施工各个阶段的协调管理，并且能够快速定位和解决各种冲突及问题。协调管理是建筑业的重点内容，无论是施工单位还是业主和设计单位，都需要关注协调及配合工作。一旦项目在实施过程中遇到了问题，就需要组织各有关人员进行协调，找出施工问题出现的原因及解决的办法，然后采取相应的补救措施解决问题。

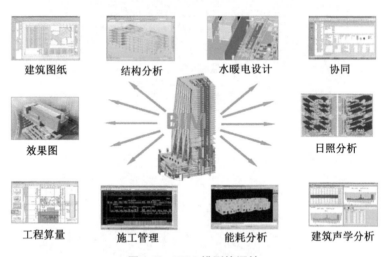

图 1-12　BIM 模型协调性

BIM 的协调性服务可以解决在施工中常遇到的碰撞问题，并生成协调数据。BIM 的协调作用不仅能解决各专业间的碰撞问题，还可以解决电梯井布置与其他设计布置及净空要求之间的协调、防火分区与其他设计布置之间的协调、地下排水布置与其他设计布置之间的协调等问题。这有助于减少建筑项目在施工过程中的变更，提高项目的质量，加快项目进度。

协调性也可以提高构建质量和生产效率。通过将多个维度的数据合并到一个视图中，在施工前就能发现潜在冲突，并在充分讨论后解决冲突，从而避免因增加了额外的工作量而影响项目进度。

6. 优化性

BIM 技术作为一种基于数字化的工艺，以其高效性、精确性和多功能性而被广泛应用于建筑全生命周期管理的方方面面，它可以通过自动化计算和优化算法对建筑物进行参数优化，从而实现建筑物的节能减排、舒适度提高等目标。而建筑工程从设计阶段开始就是一个不断优化的过程，在这个过程中，BIM 与项目优化不存在实质性的必然联系，因为传统的 2D 模式也可以进行项目优化。但是，在 BIM 环境下项目确实能得到更好的优化。例如，在设计阶段，BIM 可帮助设计者快速制作建筑模型、进行模型对比和分析等，并优化系统设计，使系统能够实现最高的效率。图 1-13 为 BIM 模型设计施工方案优化。

图 1-13　BIM 模型设计施工方案优化

实际上，整个设计、施工、运营的过程也是不断优化的过程。优化受信息量、信息复杂程度和时间的制约，没有准确的信息就得不到合理的优化结果。BIM 模型提供建筑物的信息，包括几何信息、物理信息、规则信息，以及建筑物变化后实际存在的信息。当信息复杂度达到一定程度后，参与者本身无法掌握所有的信息，必须借助一定的科学技术和设备。现代建筑物的复杂程度大多超过参与者本身的能力极限，BIM 技术及与其配套的各种优化工具使优化复杂项目成为可能。

BIM 技术可以通过各种属性数据（如质量、造价、安全性、进度、环境等）的整合和管理来实现对项目的综合控制，从而通过对比和分析不同的设计方案选择最优方案并进行调整。

7. 可出图性

可出图性是 BIM 技术的另一个重要特点，即基于 BIM 模型对建筑构件的信息化表达，可在 BIM 模型上直接生成构件加工图。这些图包括结构图、立面图、平面图、细节图等，是建筑师、工程师、承包商及其他项目相关方共同理解建筑设计并进行执行必不可少的工具。BIM 技术在建筑工程中的建模应用，能够全方位展示、协调、优化建筑模型，可以生成多种类型的二维和三维图纸，并且可以方便地导入各种 CAD、GIS 软件中使用。这使得模型可以轻松地与其他软件交互，并且提高了设计图纸的规范性。因此，BIM 技术的可出图性在现代建筑行业中具有极其重要的意义。

基于 BIM 技术，用户可以利用数学算法和三维模型软件将建筑物的实体或虚拟模型转化为一系列准确、详细且标准化的图纸（图 1-14）。这样设计者能够清晰准确地传达设计意图。同时，这可控制建筑项目成本，避免低质量作业，减少损失。

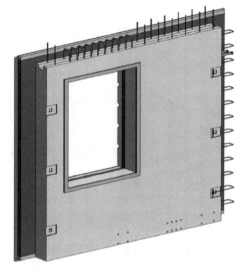

图 1-14　BIM 协助出图——预制墙中预留预埋深化设计

BIM 技术并不是输出常见的建筑设计院所出的建筑设计图纸及构件加工图纸，而是在对建筑物进行可视化展示、协调、模拟、优化以后输出如下图纸：

① 综合管线图（经过碰撞检查和设计修改，消除相应错误后的图）；

② 综合结构留洞图（预埋套管图）；

③ 碰撞报告（图 1-15）和建议改进方案。

Autodesk Navisworks 碰撞报告

暖通&暖通	公差	碰撞	新建	活动的	已审阅	已核准	已解决	类型	状态
	0.001m	14	14	0	0	0	0	硬碰撞	确定

图像	碰撞名称	状态	距离	说明	找到日期	碰撞点	项目1				项目2			
							项目ID	图层	项目名称	项目类型	项目ID	图层	项目名称	项目类型
	碰撞1	新建	-0.006	硬碰撞	2014/10/16 0:51.40	x:67.099、y:23.807、z:-4.800	元素ID: 410632	-F2	Standard	实体	元素ID: 400267	-F2	矩形风管	实体
	碰撞2	新建	-0.006	硬碰撞	2014/10/16 0:51.40	x:76.099、y:23.807、z:-4.800	元素ID: 410655	-F2	Standard	实体	元素ID: 400267	-F2	矩形风管	实体
	碰撞3	新建	-0.006	硬碰撞	2014/10/16 0:51.40	x:37.598、y:19.296、z:-4.700	元素ID: 410685	-F2	Standard	实体	元素ID: 400090	-F2	矩形风管	实体

图 1-15　BIM 碰撞报告

BIM 技术的可出图性还在于其支持可视化和协作技术。例如，工程师和承包商都可以通过查看建筑物模型来验证其完整性和可操作性，还可以快速生成展示用 PPT 或动态演示、计算量列表等。这些图纸不仅能够传达设计者的设计意图，也有助于客户了解建筑项目的整个过程，并向利益相关者按需反馈售前、施工、验收等环节的信息。

随着物联网和人工智能技术的快速发展和广泛应用，BIM 模型可视化的效果将越来越好，BIM 技术的可出图性将会在建筑行业中扮演越来越重要的角色。

8. 信息完备性

BIM 技术将建筑元素和设计数据等各种信息都储存在同一个模型中，因此可以随时提供包括元素属性、空间关系、构造逻辑等在内的丰富信息。这种信息完备性有助于建立建筑物全生命周期的数字化管理体系，从而更好地实现项目管理和决策优化。

BIM 技术作为信息化发展的成果，除了具有上述优点，它最核心的竞争力在于强大的信息整合能力。传统的信息交换方式是分散的信息传递模式，各参与方必须与其他所有参与方交换信息才能获取自己所需的信息或将信息传递出去。而在 BIM 模型中，各参与方只需将信息数据提交至 BIM 数据库（图 1-16），就可以在 BIM 数据库中获取所需要的其他参与方的信息，这种信息交换模式简化了信息的传递路径，提高了信息的传递效率。

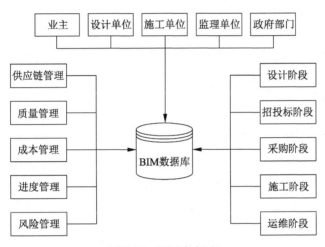

图 1-16　BIM 数据库

1.4　BIM 技术的应用价值

1.4.1　BIM 技术在项目规划阶段的应用价值

（1）利用 BIM 技术进行山地等复杂场地分析

随着城市建筑用地日益紧张，城市周边山体用地日益成为建筑项目、旅游项目等开发的主要资源，而山体地形的复杂性又势必给开发商带来选址难、规划难、设计难、施工难等问题。

借助 BIM 技术，通过相关软件根据原始地形等高线数据可建立三维地形模型，并加以高程分析、坡度分析、放坡填挖方处理，从而为后续规划设计工作奠定基础。比如，通过软件分析得到地形的坡度数据，以不同跨度分析地形每一处的坡度，并以不同颜色区分，可直观地看出哪些地方比较平坦、哪些地方比较陡峭，进而为开发选址提供有力依据，也可避免过度填挖土方，造成无端浪费。

（2）利用 BIM 技术进行可视化节能分析

随着自然资源的日益减少以及人类对于自身行为的深刻反思，绿色建筑正逐步成为现代工程项目的一个必需而重要的选项。BIM 在建筑节能分析中发挥着越来越重要的作用，同时绿色建筑的大量需求也反过来促进着 BIM 软件的广泛应用。

从 BIM 技术层面而言，相关软件可进行日照模拟、二氧化碳排放计算、自然通风和混合系统情境仿真、环境流体力学情境模拟等多项测试比对，也可将规划建设的建筑物置于现有建筑环境中进行分析论证，讨论在新建筑增加情况下各项环境指标的变化，从而在众多方案中优选出更节能、更绿色、更生态、更宜居的最佳方案。

（3）利用 BIM 技术进行前期规划方案比选、优化

通过 BIM 三维可视化分析，可对运营、交通、消防等方面的规划方案进行比选、论证，从中选择最优方案。利用直观的 BIM 三维参数模型，让业主、设计方（甚至施工方）尽早地参与项目讨论与决策，这会大大提高沟通效率，减少因不同人对图纸理解不同而造成的信息偏差及沟通成本。例如，通过 BIM 技术，在商业综合体地下停车场的设计方案中，可直观模拟大型货柜车的进出情况，从而为将来商场运营提供可靠保障；再比如，在别墅设计方案中，可进行道路的最优化设计，以尽可能地创造出更多的、更宜人的景观空间及居住空间。

1.4.2 BIM 技术在设计阶段的应用价值

BIM 技术在设计阶段的主要应用包括设计分析与协同设计、可视化交流及设计阶段的造价控制等。BIM 技术应用成功与否，在一定程度上取决于其在不同阶段、不同专业所产生的模型信息能否顺利地在工程的全生命周期中实现有效交换与共享。

BIM 模型可以分解为分析模型和详图（施工图）模型，详图模型主要包含结构（构件）的几何尺寸、截面属性、材料等信息，这些信息一般来源于建筑模型。结构分析模型的创建需要大量的数据信息，来自建筑模型的主要有轴线尺寸定位、整体布局和空间划分等几何信息，需要自行创建的有结构（构件）材料的力学和热学性质、连接类型、基础和边界条件、荷载等信息。

传统的结构设计中结构分析和施工图设计是两个分开的过程，结构分析辅助于施工图设计，用以确定最终的结构构件的尺寸和配筋情况，如图 1-17 所示。

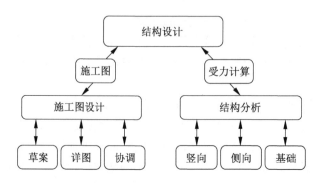

图 1-17 传统的结构设计

如果采用 BIM 技术，结构分析和施工图设计就成为一个整体（图 1-18），二者之间可以通过结构 BIM 模型实时共享数据，解决施工图绘制中存在的错漏之处，以及与标准不协调等问题，并有助于对结构分析结果进行判断和检查，减少重复工作，提高设计的效率和质量。结构设计阶段采用 BIM 技术的主要优势有：① 在方案设计的初步阶段，结构工程师对设计作品的任何修改信息都可以即时为上游的建筑师所捕捉；② 在整个设计团队中使得结构师与其他学科参与者协同设计成为可能；③ 结构设计的最终数据信息可以在上、下游不同学科之间无缝传递和共享。

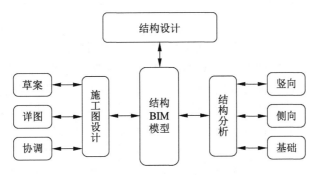

图 1-18　基于 BIM 的结构设计

在项目的设计阶段，让建筑设计从二维真正走向三维的正是 BIM 技术，对建筑设计方法来说，这是一次重大变革。BIM 技术使得建筑师不再困惑于如何用传统的二维图纸表达复杂的三维形态这一难题，拓展了复杂三维形态的可实施性。

1.4.3　BIM 技术在施工阶段的应用价值

正是由于 BIM 模型能反映完整的项目设计情况，所以 BIM 模型中的构件模型可以与施工现场中的真实构件一一对应。BIM 技术在施工阶段的主要应用包括碰撞检查、虚拟施工及施工进度控制、三维渲染宣传展示及预制构件施工等。针对传统 CAD 时代存在的在建设项目施工阶段 2D 图纸可施工性低、施工质量不能保证、工期进度慢、工作效率低等缺点，BIM 技术都体现出了巨大的价值优势。

（1）碰撞检查

在传统 CAD 时代，各系统间的冲突碰撞极难在 2D 图纸上识别，往往直到施工进行到一定阶段才被发觉，最后只能返工或重新设计；而 BIM 模型能将各系统的设计整合在一起进行碰撞检查，系统间的冲突一目了然，可直观解决空间关系冲突，优化工程设计，减少在建筑施工阶段可能存在的错误和返工。最后施工人员可以利用碰撞优化后的方案进行施工交底和施工模拟，提高施工质量，提高与业主沟通的能力。

（2）模拟施工

5D 施工模拟是通过将三维数据与时间和成本信息相结合，加强对建筑施工项目的进度管理和规划，为建筑项目团队的各个层面提供基于实时数据的决策支持的。在 5D 施工模拟中，设计师、工程师、建筑师和承包商等不同人员使用 BIM 软件创建一个集成的模型，以细致描述建筑物或结构的所有元素，然后，在这个模型的基础上添加负责施工过程中不同作业阶段的关键活动和时间表，以及材料成本、人工成本和设备使用情况等信息。通过这种方式，5D 施工模拟可以更好地评估建筑项目的风险，并确保施工按照预期的时间表和成本执行，从而增加项目成功的概率。

（3）三维渲染

三维渲染动画可通过虚拟现实让客户有代入感，给人以真实感和直接的视觉冲击，配合进行投标演示及在施工阶段调整实施方案。建好的 BIM 模型可以作为二次渲染开发的模型基础，提高了三维渲染效果的精度与效率，给业主更加直观的宣传介绍，在投标阶段可以提升中标概率。

（4）预制加工

细节化的构件模型可以由 BIM 设计模型生成，可用来指导预制生产与施工。当前，这种自动化生产模式已经成功运用在钢结构加工与制造、金属板制造等方面，从而生产预制构件、玻璃制品等。这种模式方便供应商根据设计模型对所需构件进行细节化的设计与制造，准确性高且缩减了工期，降低了造价，同时消除了利用 2D 图纸施工因周围构件与环境的不确定而导致构件无法安装甚至重新制造的情形。

BIM 在施工阶段的应用不止这些，项目现场管理、施工方案模拟、施工图会审、深化设计、成本管理、质量管理等都是 BIM 的应用点。BIM 技术先天具有可视化和协同的优势，在工程项目的数字化转型进程中，可以更好地赋能项目部各岗位，以 BIM+智慧工地为核心，利用物联网、云计算、人工智能、移动互联网、大数据等数字化技术，实现工程效率和管理效率的提升。

1.4.4　BIM 技术在运营维护阶段的应用价值

BIM 技术在建筑工程项目的运营阶段也发挥着非常重要的作用。建设项目中系统的所有信息对于业主实时掌握建筑物的使用情况，及时有效地维修、管理建筑物起着至关重要的作用。那么是否有能够将建设项目中的所有系统信息提供给业主的平台呢？BIM 的参数模型给出了明确的答案。在 BIM 参数模型中，项目施工阶段做出的修改将全部实时更新并形成最终的 BIM 竣工模型，该竣工模型将作为各种设备管理的数据库为系统的维护提供依据。

建筑物的结构设施（如墙、楼板、屋顶等）和设备设施（如管道等）在建筑物使用寿命期间都需要不断维护。随着建筑工程复杂程度的增加，各学科专业的交叉合作已经成为必然趋势，BIM 技术不仅能够实现建筑、结构、电气、给排水等各学科专业在相同模型上进行协同工作以更新传递建筑设计信息，还可实现不同地区的不同设计人员在网络基础上进行协同工作。BIM 是信息化技术在建筑业的直接应用，服务于建设项目的设计、建造、运营维护等整个生命周期。BIM 为项目各参与方提供顺畅交流、协同工作的平台，其对于避免失误、提高工程质量、节约成本、缩短工期等都有极大的贡献，其因巨大的优势作用而越来越受重视。应用 BIM 技术在各个专业设计过程中进行碰撞检查，不但能彻底消除硬软碰撞，完善工程设计，而且能大大降低在施工阶段返工的可能性，减少损失，并且可以做到既优化空间，又便于使用和维修。

1.5 BIM 技术的发展趋势及市场模式预测

BIM 作为一种数字化建模工具，已经引领了建筑业的革命性变革，并具有无限的潜力。它不仅提高了建筑设计、施工和运维管理的效率及准确性，还为未来建筑业的发展提供了广阔的空间。

现将 BIM 技术的发展趋势罗列如下：

（1）智能化

随着人工智能技术的不断发展，BIM 技术也将越来越智能化。未来 BIM 技术将不仅仅是对建筑物的三维建模，还将能够进行更多的智能分析和决策。例如，未来 BIM 技术可以通过人工智能技术对建筑物的能耗进行分析，从而实现能源节约和环保；通过 BIM 技术智能化的建模和分析，建筑师和工程师能更好地进行建筑设计和管理，提高效率和准确性。

（2）移动化

随着互联网和移动智能终端的普及，BIM 技术将可以通过移动设备进行实时协作和沟通。例如，未来 BIM 技术可以通过移动设备将建筑物的模型和信息传输给现场的工程师和施工人员，让他们可以更好地了解建筑物的设计和规划，并进行现场的施工和调整。

（3）数字化

随着数字化技术的不断发展，未来 BIM 技术将可以使建筑物的模型和信息数字化，从而实现更高效的协作和管理。例如，未来 BIM 技术可以通过数字化的方式将建筑物的模型和信息存储在云端，让各个参与者可以实时访问和共享建筑物的信息，从而实现更好的协作和管理。

（4）标准化

随着 BIM 技术的不断普及和应用，未来 BIM 技术需要更加统一的标准和规范，以保证各参与者之间的协作和沟通。例如，未来的 BIM 技术可以通过标准化的建模和分析，让参与者更好地理解和使用建筑物的模型和信息，从而更好地实现协作和管理。

（5）可持续化

随着人们环保意识的不断提高，未来 BIM 技术将更加注重建筑物的环保性和可持续性。例如，通过 BIM 技术，建筑师和工程师可以分析建筑的能耗和对环境的影响，从而优化建筑设计，减少能源消耗和环境污染。

结合行业管理体制及 BIM 的现状，可对 BIM 未来发展模式的特点做出如下预测：

（1）全方位应用

项目各参与方可能在各自的领域应用 BIM 技术，如政府相关单位、设计单位、施工单位、造价咨询单位及监理单位等；BIM 技术将在项目全生命周期中发挥重要作用，包括项目前期方案阶段、招投标阶段、设计阶段、施工阶段、竣工阶段及运维阶段；BIM 技术将会应用到各种建设工程项目中，包括民用建筑、工业建筑、公共建筑等。

（2）市场细分

未来 BIM 市场将根据不同的 BIM 技术需求及功能进行专业化的细分，用户可根据自身具体需求方便、准确地选择相应的市场模块进行应用。

（3）个性化开发

基于建设工程项目的具体需求，将出现针对具体问题的各种个性化且具有创新性的 BIM 软件、BIM 产品及 BIM 应用平台等。

（4）多软件协作

未来 BIM 技术的应用过程可实现多软件协作，各软件之间能够轻松实现信息的传递与共享，项目在全生命周期过程中将实现多软件协作。

BIM 技术在我国建设工程市场还存在较大的发展空间，未来 BIM 技术的应用将呈现出普及化、多元化及个性化等特点。

本章练习题

选择题

1. 下列对 BIM 的理解不正确的是（ ）。

A. BIM 是以三维数字技术为基础，集成建筑工程项目各种相关信息的工程数据模型，是对工程项目设施实体与功能特性的数字化表达

B. BIM 是一个完善的信息模型，能够连接建筑项目生命周期不同阶段的数据、过程和资源，是对工程对象的完整描述，提供可自动计算、查询、组合拆分的实时工程数据，可被建设项目各参与方普遍使用

C. BIM 具有单一工程数据源，可解决分布式、异构工程数据之间的一致性和全局共享问题，支持建设项目生命周期中动态的工程信息创建、管理和共享，是项目实施的共享数据平台

D. BIM 技术是一种仅限于三维的，可以使各参与方在从概念产生到完全拆除的整个项目生命周期中都能够在模型中操作信息和在信息中操作模型

2. 下列属于 BIM 技术在业主方的应用优势的是（ ）。

A. 实现可视化设计、协同设计、性能化设计、工程量统计和管线综合

B. 实现规划方案预演、场地分析、建筑性能预测和成本估算

C. 实现施工进度模拟、数字化建造、物料跟踪、可视化管理和施工综合

D. 实现虚拟现实和漫游、资产、空间等管理、建筑系统分析和灾害应急模拟

3. 下列关于国内外 BIM 发展状态的说法不正确的是（ ）。

A. 美国是较早启动建筑业信息化研究的国家，至今其 BIM 研究与应用都走在世界前列

B. 新加坡政府强制要求使用 BIM

C. 北欧国家包括挪威、丹麦、瑞典和芬兰，是一些主要的建筑业信息技术的软件厂商所在地，如 Tekla 和 Solibri，而且对发源于邻近匈牙利的 ArchiCAD 的应用率也很高

D. 近来 BIM 在国内建筑业形成一股热潮，除了前期软件厂商的呼吁，政府相关单位、各行业协会与专家、设计单位、施工企业、科研院校等也开始重视并推广 BIM

4. （　　）即设计阶段建筑及构件以三维方式直观呈现出来，设计师能够运用三维思考方式有效地完成建设设计，同时也使业主（或最终用户）真正打破了技术壁垒，随时可直接获取项目信息。

A. 设计可视化

B. 施工可视化

C. 设备可操作性可视化

D. 机电管线碰撞检查可视化

5. 通过 BIM 三维可视化控件及程序自动检测，可对建筑物内机电管线和设备进行直观布置模拟安装，检查是否碰撞，找出问题所在及矛盾之处，从而提升设计质量，减少后期修改，降低成本及风险。上述特征指的是 BIM 的（　　）。

A. 设计协调

B. 整体进度规划协调

C. 成本预算、工程量估算协调

D. 运维协调

6. 以下说法不正确的是（　　）。

A. 运用 BIM 技术，除了能够进行建筑平面图、立面图、剖面图及详图的输出，还可以输出碰撞报告及构件加工图等

B. 建筑与设备专业的碰撞主要包括建筑与结构图纸中的标高、柱、剪力墙等的位置是否不一致等

C. 基于 BIM 模型可调整解决管线空间布局问题，如机房过道狭小、管线交叉等

D. 借助工厂化、机械化的生产方式，将 BIM 信息数据输入设备，就可以实现机械的自动化生产，这种数字化建造的方式可以大大提高工作效率和生产质量

第2章 BIM 技术应用软件及模型标准

2.1 BIM 技术相关应用软件

BIM 技术应用软件是指基于 BIM 技术，具备面向对象、基于三维几何模型、包含其他信息和支持开放式标准 4 个关键特征的应用软件，可以在建筑项目的全生命周期中提供各种功能和服务，如设计、分析、协同、施工、运维等。BIM 应用软件按其功能可分为三大类，即 BIM 基础类软件、BIM 工具类软件及 BIM 平台类软件。

（1）BIM 基础类软件

BIM 基础类软件是指用于创建和管理建筑信息模型的核心软件，通常具有三维建模、参数化、性能化、可视化等功能，可以支持多专业的协同设计和数据交换。BIM 基础类软件有很多种，不同的专业领域和应用场景可以选择不同的软件。常用的 BIM 基础类软件有：Autodesk 公司的 Revit 系列软件，主要应用于建筑、结构和机电领域；Bentley 公司基于 Microstation 平台的软件系列，主要应用于建筑、结构和设备领域；Nemetschek 公司的 ArchiCAD、ALLPLAN、Vectorworks 三大软件；Dassault 公司的 CATIA 和 Digital Project；Tekla 公司的 Tekla Structures，该软件侧重于钢结构设计；广联达公司的 BIMMAKE，可应用于工程全生命周期；天正公司的天正建筑设计软件，主要应用于建筑设计。

（2）BIM 工具类软件

BIM 工具类软件是指基于 BIM 基础类软件生成的模型或数据提供特定功能或服务的辅助软件，通常针对某一阶段或专业的需求而开发。BIM 工具类软件有很多种，根据不同的功能或服务，可以分为以下几类：

① BIM 方案设计类软件，主要用于设计初期，将业主对项目的需求和目标转化为基于三维结构形式的方案，并与业主进行沟通和评估。目前主要的 BIM 方案设计软件有 Onuma Planning System 和 Affinity。

② BIM 结构分析类软件，主要用于对建筑结构进行力学、动力学、稳定性等方面的分析和优化，通常可以与 BIM 基础类软件进行双向数据交换。目前主要的 BIM 结构分析软件有 Autodesk Robot Structure Analysis 等国外软件及 PKPM 等国内软件。

③ BIM 机电分析类软件，主要用于对建筑机电系统进行能耗、照明、通风、水暖等方面的分析和优化，通常可以与 BIM 基础类软件进行双向数据交换。该类软件有

MagiCAD 等。

④ BIM 可视化类软件，主要用于对 BIM 模型进行渲染、动画、虚拟现实等方面的展示和交互，提高模型的真实感和沟通效果。该类软件有 3D Studio Max 等。

⑤ BIM 深化设计类软件，主要用于对 BIM 模型进行细部设计和施工图绘制，以提高模型的精度和完整性。该类软件有 Revit Architecture、Revit Structure、Revit MEP 等。

⑥ BIM 模型综合碰撞检查类软件，主要用于对不同专业或阶段的 BIM 模型进行集成和协调，检查模型之间的冲突和不一致，并提出解决方案。该类软件有 Navisworks、Solibri Model Checker、Bentley ProjectWise 等。

⑦ BIM 造价管理类软件，主要用于根据 BIM 模型或数据进行工程量统计和造价分析，实现模型与造价的一致性和动态性。该类软件有 Innovaya 和 Solibri 等国外软件，以及鲁班和广联达 BIM 5D 等国内软件。

（3）BIM 平台类软件

BIM 平台类软件是指基于互联网或云计算技术，提供 BIM 项目管理和协同工作的综合平台，通常具有数据存储、信息共享、流程控制、权限管理等功能，可以支持多方参与者的在线协作和沟通。BIM 平台类软件有很多种，根据不同的服务对象和范围，可以分为以下几类：

① BIM 企业内部管理平台，主要用于某一企业内部的 BIM 项目管理和协同工作，例如，广联达 BIM 设计管理平台、鲁班工场等。

② BIM 跨企业协作平台，主要用于多个企业之间的 BIM 项目管理和协同工作，例如，Autodesk BIM 360、Trimble Connect 等。

③ BIM 行业公共服务平台，主要用于为整个建筑行业提供 BIM 相关的公共服务，包括但不限于标准规范、培训教育、技术支持等。

近年来，随着 BIM 技术在建筑工程领域的广泛应用，不同企业开发了大量的 BIM 软件，表 2-1 统计了近年来国内外开发的较为常用的 BIM 软件。

表 2-1　常用的 BIM 软件

相关 BIM 软件	应用领域
Revit、SketchUp、Vasari、Rhino	方案与造型设计
Bentley、ArchiCAD	建筑设计
PKPM、YJK、CATIA	结构分析
Revit MEP、MagiCAD	管道设计
Navisworks、Bentley	施工模拟
Ecotec、EnergyPlus	能耗分析
鸿业 BIMSpace	负荷分析
Navisworks、Solibri	模型检查
Vico Office、广联达、鲁班	成本核算

相关 BIM 软件	软件应用领域
Lumion、Navisworks、3D Studio Max	三维可视化与动画渲染
Navisworks、Bentley	四维施工模拟
Tremble	GIS 定点监测
ProjectWise、Buzzsaw、VAULT	工程基础信息平台

虽然 BIM 软件在建筑领域的应用能促进传统土木行业的信息化转型，辅助项目降本增效，实现项目全生命周期的质量控制，但在不同领域出现大量的 BIM 软件也极大地增加了设计和管理人员的学习成本。由于不同企业内部使用的 BIM 软件各不相同，设计人员往往需要在项目设计的同一环节学习使用多种相关 BIM 软件，因此工程师需要对所从事的相关领域进行深入了解，选择适合的 BIM 软件。目前 BIM 软件的选用需要遵循以下四项原则：一是适用性，即所选用的 BIM 软件对实际工程项目是否适用；二是兼容性，即软件的输入、输出格式与其他软件是否兼容，例如，二维设计软件一般输出 DWG 格式的文件，BIM 软件则输出 IFC 格式的文件；三是易用性，即软件对于使用人员来说是否便于使用，是否能够支撑复杂项目的设计；四是参数化，即核心建模软件是否满足参数化设计的要求，满足实际工程的设计精度。

本章遵循以上四项原则的同时考虑目前国内企业和教学中软件的普及性，采用最常用的工作流——Revit+Naisworks+Lumion 工作流作为教学主线。Revit+Navisworks+Lumion 工作流是将三种软件结合使用的一种方法，以实现 BIM 设计、协调、分析、可视化和表现的目标。这种工作流的基本步骤如下：

① 在 Revit 中进行 BIM 设计，利用 Revit 中的对象建模、参数化设计、族系统等功能，创建并编辑 BIM 模型，包括建筑设计、结构设计、机电设计等专业内容，并在不同视图中检查和修改模型。

② 在 Navisworks 中进行 BIM 协调和分析，将 Revit 中的 BIM 模型导出为 NWC 格式，并在 Navisworks 中打开。利用 Navisworks 中的模型整合、冲突检测、四维模拟、量算分析等功能，对 BIM 模型进行协调和分析，发现并解决模型中存在的问题。

③ 在 Lumion 中进行 BIM 可视化和表现，将 Revit 中的 RVT 模型文件导出为 DAE 或 FBX 格式，并在导入 Lumion 软件中。利用 Lumion 中的实时渲染、易用性、兼容性、创意性等功能对 BIM 进行渲染、动画、视频等表现，展示项目的全貌和细节，增强项目的可视化和沟通效果。

下面以一栋乡村别墅为设计实例介绍，方便读者学习整个工作流程，提升 BIM 软件的实际操作能力。

2.1.1 Revit 建模软件

Revit 是 Autodesk 公司开发的一款专门针对 BIM 设计的软件，它提供了支持建筑设计、结构设计、机电设计和施工的功能，以及文件管理和协作的工具。Revit 的基础技术包括建筑信息模型和参数化变更引擎，可以支持整个建筑生命周期的信息建立和管理。

1. Revit 的主要特点

① 基于对象的建模：Revit 中的每个元素都是一个智能对象，具有属性和关系，可以在不同的视图中同步更新。例如，墙、门、窗、楼板、柱等都是对象，都可以在平面图、立面图、剖面图、三维视图中显示和编辑。

② 参数化设计：Revit 中的对象都是基于参数化的，可以根据需要修改尺寸、形状、位置、材质等属性。参数化设计可以提高设计效率和灵活性，也可以实现不同方案的快速比较和优化。

③ 族系统：Revit 中的对象都属于不同的族，族是一组具有相同类别和参数的对象的集合。例如，门族包含不同类型和样式的门对象。Revit 提供了丰富的系统族和加载族，也可以自定义创建新的族或编辑现有的族。

④ 多视图协调：Revit 中的不同视图都是基于同一个模型生成的，因此在任何一个视图中对模型进行修改都会自动反映到其他相关视图中。这样可以保证各个视图之间的一致性和准确性，避免出现错误和冲突。

⑤ 协同设计：Revit 支持多用户同时在同一个项目中进行设计，通过工作集和中央文件机制，实现模型数据的共享与同步。Revit 还支持与其他软件的数据交换，例如 AutoCAD、SketchUp、Navisworks 等。

2. Revit 基本术语

① 项目：单个设计信息数据库，也就是建筑信息模型。项目文件包含了建筑的所有设计信息，包括用于设计模型的构件、项目视图和设计图纸。

② 图元：用于建筑设计的参数化建筑构件。Revit 软件按照类别、族和类型对图元进行分类，图元是一个统称，任何建筑信息在 Revit 中都可以用图元来称呼。

③ 类别：一组用于对建筑设计进行建模或记录的图元，例如墙、门、窗、标注等。

④ 族：某一类别中图元的类，根据参数集、使用方式和图形表示方式来对图元进行分组。族可以分为可载入族、系统族和内建族。

⑤ 类型：每一个族中可以拥有的多个变体，可以是族的特定尺寸或样式，例如"400 mm×400 mm 混凝土柱"或"A0 标题栏"。

⑥ 实例：放置在项目中的实际项，它们在建筑或图纸中都有特定的位置。实例可以是模型实例或注释实例。

⑦ 标高：无限水平的平面，可用作屋顶、楼板和天花板等以层为主体的图元的参照。标高主要用于定义建筑内的垂直高度或楼层。

图 2-1 所示为 Revit 基本术语及实际案例。

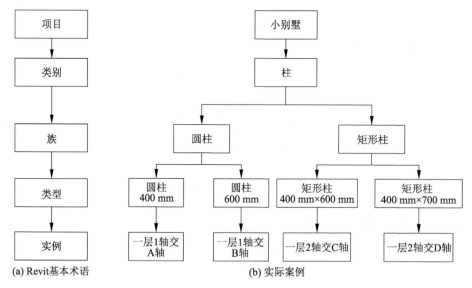

图 2-1　Revit 基本术语及实际案例

3. Revit 界面介绍

Revit 是 Autodesk 公司的一款专业 BIM 软件，可以帮助建筑师设计、协调、管理和交付建筑项目。本书以 Revit 2020 版本为例介绍该软件界面，如图 2-2 所示。

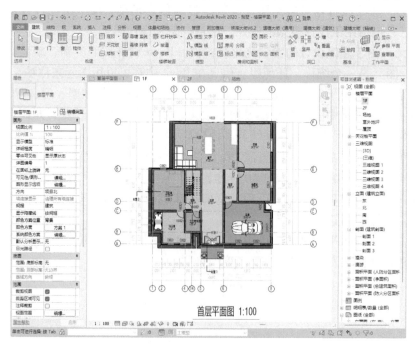

图 2-2　Revit 软件应用界面

Revit 软件应用界面主要包括以下几个部分。

① 应用程序菜单（图 2-3）：位于界面左上角。应用程序菜单提供了对文件的常规

操作功能，包括"新建""打开""保存""另存为""导出""打印"和"关闭"等
功能。

图 2-3　应用程序菜单栏

② 快速访问工具栏（图 2-4）：包含 Revit 常用的功能按钮，例如，文件的"打开"
"保存"功能；编辑的"取消""重做"功能；图元的"测量""标注"功能；窗口的
"关闭隐藏窗口""切换窗口"等功能。用户可以自定义快速访问工具栏的内容和位置。

图 2-4　快速访问工具栏

③ 选项卡页（图 2-5）：位于界面顶部，是 Revit 的主要工具栏。选项卡页由多个选
项卡组成，每个选项卡包含若干面板，每个面板包含若干相关的命令按钮。用户可以根
据不同的任务切换不同的选项卡，也可以自定义选项卡页的内容和布局。

图 2-5　选项卡页

④ 属性窗口（图 2-6）：位于界面左侧，用于显示当前选择的元素或工具的属性和
参数。用户可以在属性窗口中修改元素或工具的设置，也可以使用类型选择器切换其
类型。

图 2-6   属性窗口

　　⑤ 项目浏览器（图 2-7）：用于组织和管理当前项目中包括的所有信息，包括项目的视图、图纸、图案、族、链接等项目资源。用户可以在项目浏览器中对视图进行打开、关闭、重命名、排序等操作。

图 2-7   项目浏览器

⑥ 绘图区域（图 2-8）：位于界面中央，用于显示当前打开的视图，如平面图、立面图、剖面图、三维视图等。用户可以在绘图区域中进行创建、编辑、选择、查看等操作。

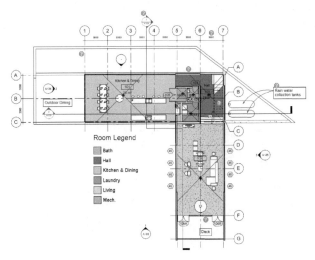

图 2-8　绘图区域

⑦ 视图控制栏（图 2-9）：位于绘图区域下方，用于控制视图的显示状态，如比例、详细程度、视觉样式、阴影效果等。用户可以使用视图控制栏调整当前视图的显示效果和显示范围。

图 2-9　视图控制栏

⑧ 状态栏（图 2-10）：位于界面右下角，用于显示状态信息和提示信息，如当前工具名称、当前坐标系、当前单位等。用户可以在状态栏中切换不同的坐标系和单位，也可以查看一些操作提示和警告信息。

图 2-10　状态栏

⑨ 导航工具栏（图 2-11）：位于绘图区域右侧，用于显示导航工具，如导航轮盘、导航立方体、放大镜等。用户可以使用导航工具对视图进行平移、缩放等操作。

图 2-11　导航工具栏

4. Revit 建模过程

下面以某独栋别墅为例说明 Revit 的建模过程。

工程案例概况：独栋别墅的最终模型效果如图 2-12 所示。本案例主要介绍 Revit 软件在建筑设计阶段的应用。

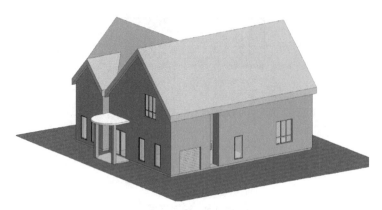

图 2-12　独栋别墅的最终模型效果

独栋别墅模型建模的整体流程分解如图 2-13 所示。

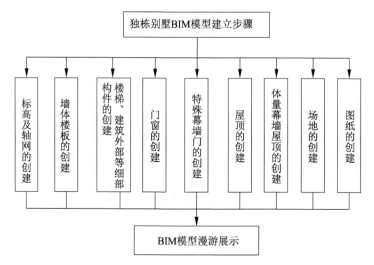

图 2-13　建模的整体流程分解

（1）标高及轴网的创建

依据给定别墅的层高设置楼层标高，本案例中别墅为双层建筑，因此需要创建室外地坪、一层、二层、屋顶层共 4 个标高层，如图 2-14 所示。

图 2-14　建筑标高的创建

　　根据建筑平面图创建轴网，同时对各轴轴线进行标注，轴网线采用建筑轴线通用的红色样式，轴网标注采用建筑常用的绿色样式。建筑轴网的建立情况如图 2-15 所示。

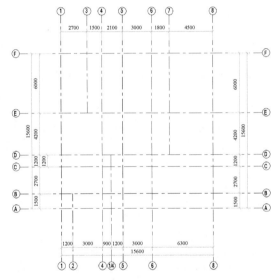

图 2-15　建筑轴网的创建

　　（2）墙体楼板的创建

　　整个别墅建筑墙体分为内墙与外墙两大类，其中首层与二层墙体构造相同，在"墙建筑"菜单中定义不同的建筑墙体，并布置在相应位置。别墅外墙、内墙墙体构造的创建情况如图 2-16 所示。由于别墅内墙与别墅外墙的构造有较大区别，因此需要对别墅外墙和内墙的类型进行进一步的构造设计。

BIM 技术与现代工程建造

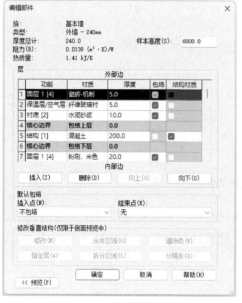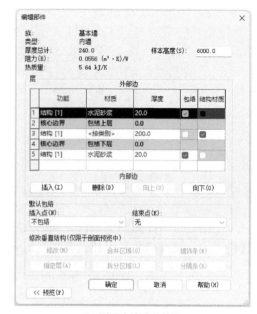

(a) 别墅外墙墙体构造 　　　　　　　　　　(b) 别墅内墙墙体构造

图 2-16　别墅内、外墙墙体构造的创建情况

由于一层、二层楼板的构造不同，因此需要根据实际构造在"楼板"选项卡下的编辑页面建立不同类型的各层楼板。一、二楼别墅楼板构造的创建情况如图 2-17 所示。

(a) 一楼别墅楼板构造 　　　　　　　　　　(b) 二楼别墅楼板构造

图 2-17　一、二楼别墅楼板构造的创建情况

根据已有的施工要求，依次对墙体、楼板进行布置，墙体及楼板的布置如图 2-18 所示。

（3）楼梯、建筑外部等细部构件的创建

建筑主体模型基本创建完成后，对楼梯、建筑外部等细部构件进行创建，创建楼梯之前，在楼梯所在位置点击"面板"选项卡的"竖井洞口"命令创建竖井洞口，如图 2-19 所示，为了更加清晰地显示构件，将竖井洞口拉升至屋顶标高之上。

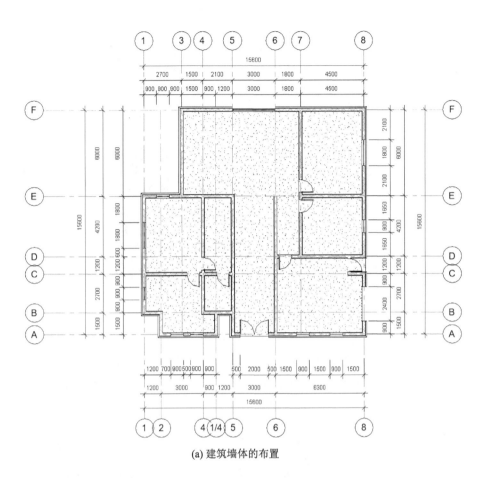

(a) 建筑墙体的布置

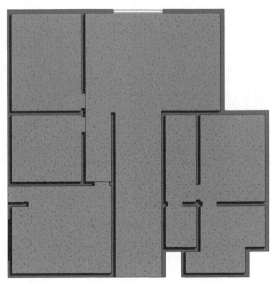

(b) 建筑楼板的布置

图 2-18　建筑墙体、楼板的布置（以首层为例）

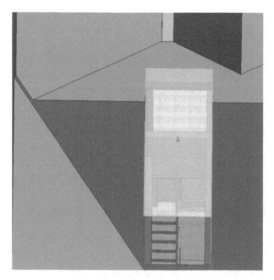

图 2-19　竖井洞口的创建

点击"建筑"面板选项卡下的"楼梯"命令创建楼梯。创建楼梯时应该注意建立参照平面，参照平面可用来对楼梯的位置进行定位。同时，可以调整楼梯中栏杆扶手的样式及参数，通过对栏杆扶手进行个性化创建，可使得建立的模型更加贴近实际效果。楼梯的创建情况如图 2-20 所示，栏杆位置的编辑如图 2-21 所示。

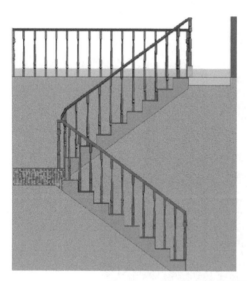
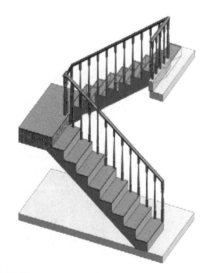

图 2-20　楼梯的创建

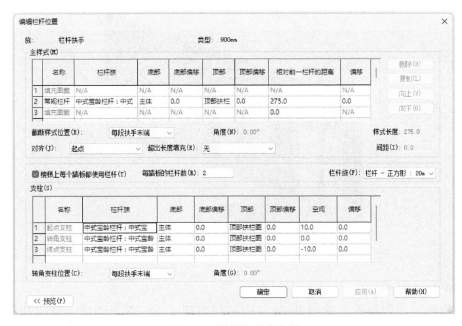

图 2-21 栏杆位置的编辑

建筑外部的细部构件（散水、雨棚、坡道等）的创建需要自行编辑轮廓。例如，散水可通过"建筑"选项卡下"墙"选项中的"墙饰条"命令进行创建。受限于篇幅，其他细部构件的创建过程在此不再赘述。散水、雨棚、坡道的完成效果如图 2-22 至图 2-24 所示。

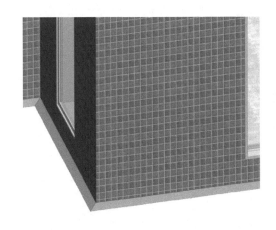

图 2-22 建筑散水效果展示

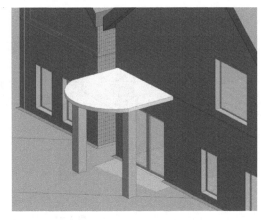

图 2-23 建筑雨棚效果展示

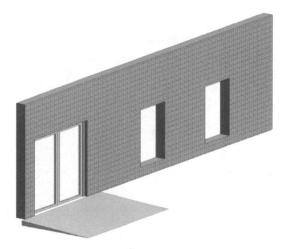

图 2-24　建筑坡道效果展示

（4）门窗的创建

别墅的门窗创建需要使用 Revit 自带的门窗族文件，单击选项卡页"建筑"→"门"和"建筑"→"窗"命令将其载入项目中，同时根据需要在"类型属性"对话框中修改门窗构件的参数，完成别墅所有门窗的创建，同时根据原有的门窗布置图对其进行布置。需要注意的是，门窗实例只能放置在有墙体的部位。门窗布置如图 2-25 所示。

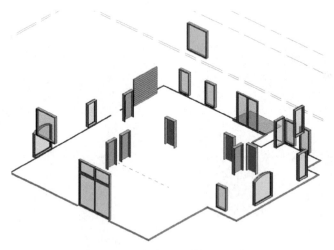

图 2-25　门窗布置（墙体已隐藏）

（5）特殊幕墙门的创建

本案例中别墅北立面图的一层平面有一扇特殊的幕墙门，可将其当作幕墙进行创建，同时，进行一些特殊操作。点击"建筑"选项卡下"墙"的命令，注意必须勾选幕墙的"自动嵌入"选项，否则幕墙无法插入建筑外墙。此外，还需要根据要求对幕墙进行网格划分，随后插入幕墙竖梃，并通过载入族文件，完成对幕墙嵌板的深化设计，此处应注意选择界面右下角的"按面选择图元"选项。特殊幕墙门的创建如图 2-26 所示。

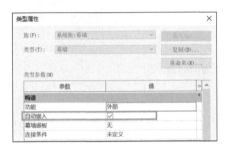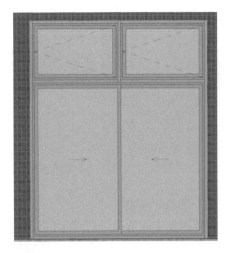

图 2-26　特殊幕墙门的创建

（6）屋顶的创建

屋顶层需要点击"建筑"选项卡下的"屋顶"命令中的"迹线屋顶"进行创建。在二层标高视图下，根据墙厚点击"悬挑"命令，根据小别墅外墙墙厚的实际情况确定悬挑长度。点击别墅外墙进行拾取布置，可使用"修改"选项卡下的"对齐"命令对进入编辑页面的迹线进行连接修改；点击屋顶可调整屋顶标高至屋顶层。屋顶的坡度调整需要进入迹线屋顶编辑页面，在"属性"选项板上勾选"定义屋顶坡度"选项，在此界面下定义屋顶坡度。需要注意的是，必须点击二层标高下的别墅内外墙，单击"修改-墙"选项卡，点击"附着顶部"，才能将墙体与屋顶进行连接，创建的屋顶如图 2-27 所示。

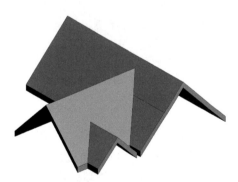

图 2-27　创建的屋顶

（7）体量幕墙屋顶的创建

在 Revit 界面单击"体量和场地"选项卡"内建体量"命令进行体量的创建，创建体量之前需要使用参照平面确定体量边界，先点击创建的体量，再点击"创建形状"

进行实心形状的创建，最后点击"建筑"选项卡"幕墙系统"来进行幕墙的创建，同时对其进行编辑。体量幕墙屋顶的创建如图 2-28 所示。

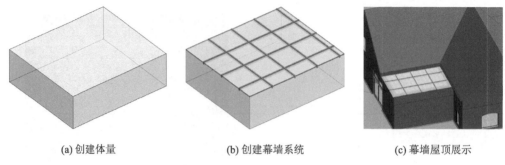

(a) 创建体量　　　　　　　(b) 创建幕墙系统　　　　　　(c) 幕墙屋顶展示

图 2-28　体量幕墙屋顶的创建

（8）场地的创建

需要根据实际情况进行场地的绘制，点击进入"场地"标高层，在"体量和场地"选项卡下点击"地形表面"进行场地的绘制，同时可以点击"地形表面"下方的小箭头进行场地高程的设置，可以通过载入 Revit 丰富的族文件进行场地构件的放置，场地的创建如图 2-29 所示。

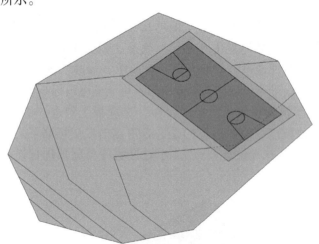

图 2-29　场地的创建

（9）图纸的创建

在项目浏览器下的"图纸"栏进行图纸的创建。新建一张图纸，点击"添加视图"可以将项目所需要的视图放入图纸之中，可以通过属性浏览器下的"范围"栏中的"裁剪视图"和"裁剪区域可见"选项来进行视口的调整，从而得到需要的视图。

（10）三维模型效果图

别墅三维模型建立完成后，可以用三维立体图形的形式呈现，选取该建筑某个视角视图，通过渲染功能即可得到该建筑物的三维效果图，如图 2-30 所示。

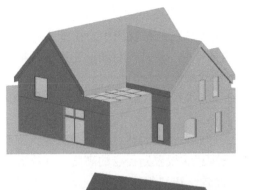
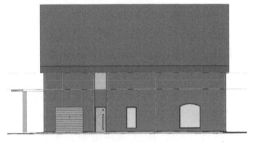

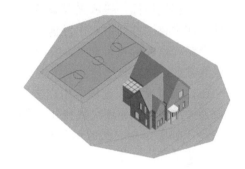

图 2-30　三维效果图展示

5. Revit 模型处理功能

上一小节以某别墅为例，系统地讲解了 Revit 的建模流程，此建模流程具有很强的实际意义。同时，在别墅的建模流程中所使用的 Revit 软件功能可以实际应用于建筑设计领域。本节主要介绍以下两种应用。

（1）门窗明细表的应用

门窗是建筑项目中的常见元素，它们不仅影响建筑的外观和功能，还影响建筑的安全、节能、隔音等。因此，建筑项目中门窗的设计和管理非常重要。Revit 中提供了门窗明细表的功能，可以让用户方便地创建和编辑门窗的相关参数，并生成清晰的报表。

创建门窗明细表的步骤：首先，在 Revit 中打开一个项目文件，选择视图选项卡下的"明细表"命令，在弹出的对话框中选择要创建明细表的类别，例如门或窗。其次，选择要添加到明细表中的字段，例如"类型名称""标记""宽度""高度""面积"等，可以通过拖放或双击来调整字段的顺序。最后，设置明细表的"标题""样式""格式"等选项，并点击"确定"按钮完成创建。创建好的明细表会显示在项目浏览器中，可以在视图中打开和编辑，也可以通过右键菜单或属性面板来修改明细表的设置或内容。

使用门窗明细表可以实现以下功能：快速查看项目中门窗的数量、规格、位置等信息，根据不同的字段对门窗进行排序或筛选，例如按照类型名称或面积来分组或过滤门窗；对门窗进行计算或统计，例如求和、平均值、最大值、最小值等；导出或打印明细表，生成 PDF 或 Excel 文件。

通过 Revit 强大的明细表功能可以大大节约工作时间，提高设计效率。案例中别墅的门窗明细表如图 2-31 所示。

（2）三维漫游的应用

Revit 的另一个实用功能是三维漫游，它可以让用户在三维视图中自由地探索和观察模型。三维漫游可以帮助用户更直观地感受建筑的空间、形式、材质、光影等效果。

使用 Revit 模型的三维漫游功能需要按照以下步骤操作：

在"视图"选项卡下选择"创建"面板中的"三维视图"命令，在下拉菜单中选择"漫游"命令。

在模型中，用鼠标左键点击要设置的路径点，形成一条漫游路径。每个路径点都会生成一个相机图标，表示该点的视角和方向。在选项栏中设置路径点的高度、速度和平滑度。在项目浏览器中双击漫游视图，进入漫游模式，在"编辑漫游"选项卡中可调整各个路径点的位置和方向，或者添加和删除路径点。也可以在其他视图中查看相机的位置和方向，以便更好地控制漫游效果。

在"编辑漫游"选项卡中点击"播放"按钮，观看漫游效果，可在弹出的对话框中设置播放速度、循环次数和分辨率等。如果想要导出漫游视频，可以在应用程序按钮下选择"导出"→"图像和动画"→"漫游"命令，在弹出的对话框中设置输出格式、长度、质量和位置等。

<门明细表>

A	B	C	D	E
族	族与类型	类型	宽度	高度
滑升门	滑升门: 2400 x 2100mm	2400 x 2100mm	2400.0	2100
单嵌板木门 1	单嵌板木门 1: 900 x 2100mm	900 x 2100mm	900	2100
单嵌板木门 1	单嵌板木门 1: 900 x 2100mm	900 x 2100mm	900	2100
单嵌板木门 1	单嵌板木门 1: 900 x 2100mm	900 x 2100mm	900	2100
单嵌板木门 1	单嵌板木门 1: 900 x 2100mm	900 x 2100mm	900	2100
单嵌板木门 1	单嵌板木门 1: 900 x 2100mm	900 x 2100mm	900	2100
单嵌板木门 1	单嵌板木门 1: 900 x 2100mm	900 x 2100mm	900	2100
单嵌板镶玻璃门 1	单嵌板镶玻璃门 1: 900 x 2100mm	900 x 2100mm	900	2100
双面嵌板玻璃门	双面嵌板玻璃门: 2000 x 2400mm	2000 x 2400mm	2000	2400

(a) 门明细表

<窗明细表>

A	B	C	D	E
宽度	底高度	高度	族与类型	类型
2900		2525	窗嵌板_70-90 系列	70 系列
1425		925	窗嵌板_50-70 系列	50 系列
1425		925	窗嵌板_50-70 系列	50 系列
900	300	2100	固定窗: 900 x 2100	900 x 2100
1800	300	2100	拱顶形固定窗 - 带贴	1800 x 2100
900	300	1800	固定窗: 900 x 1800	900 x 1800mm
900	300	1800	固定窗: 900 x 1800	900 x 1800mm
900	300	1800	固定窗: 900 x 1800	900 x 1800mm
900	300	1800	固定窗: 900 x 1800	900 x 1800mm
1800	300	2100	拱顶形固定窗 - 带贴	1800 x 2100
900	300	1800	固定窗: 900 x 1800	900 x 1800mm
1800	300	2100	固定窗: 1800x 2100	1800 x 2100
1800	300	2100	固定窗: 1800x 2100	1800 x 2100
900	300	2100	固定窗: 900 x 2100	900 x 2100
900	300	2100	固定窗: 900 x 2100	900 x 2100

(b) 窗明细表

图 2-31　门窗明细表

通过以上步骤，可以制作出具有真实感的三维漫游视频，充分展示设计成果。同时，为了提高漫游效果，还需要注意以下几点：在设置路径点的视角时，要注意避免视线被遮挡或穿过物体，以免造成画面的突变或失真；在设置路径点的高度时，要注意与建筑空间的比例和人体尺度相协调，以免造成画面压抑或空旷感；在设置路径点的速度时，要注意与建筑空间的规格相匹配，以免造成画面急促或拖沓感；在设置路径点的方向时，要注意与建筑空间的重点和特色相呼应，以免造成画面的无序感；在设置播放参数时，要注意与输出设备和观看场合相适应，以免造成画面模糊。

使用三维漫游的好处：可以从不同的角度和距离观察模型，发现设计中的优点和缺陷；模型可以自由移动和转向，从而感受建筑的尺寸和氛围；可以调整视图的渲染效果，如颜色、阴影、透明度等，以增强视觉效果；可以导出或录制三维漫游，生成视频或动画文件，便于与其他人员或软件共享。

通过创建相机，建立三维漫游路线。三维漫游路线具有极大的自由度，能够以多种路线、多种视角来展示模型，具有非常直观的视觉效果。本案例建筑漫游整体视图如图 2-32 所示。

图 2-32　建筑漫游整体视图

2.1.2　Navisworks 软件

Navisworks 是 Autodesk 公司旗下的一款项目审查软件，它支持所有项目相关方整合、协调、分析建筑或基础设施的建筑信息模型的相关数据，在项目施工开始前先模拟与优化明细表、发现与协调冲突，了解潜在问题。

Navisworks 的主要功能如下：

① 模型整合：Navisworks 可以导入多种格式的模型文件，例如 DWG、RVT、SKP、IFC 等格式，并将它们整合为一个项目文件（NWF 格式或 NWD 格式）。这样可以实现不同专业或软件之间的模型集成，方便进行全面的项目审查。

② 冲突检测：Navisworks 可以对整合后的模型进行冲突检测，发现并标出模型中存在的空间上或时间上的干涉或重叠。冲突检测可以提高项目质量，减少施工中可能出现的问题并降低风险。

③ 四维模拟：Navisworks 可以将施工进度计划与模型关联起来，实现四维（空间维

度+时间维度）模拟，展示项目的施工过程和施工状态。四维模拟可以帮助项目管理者优化施工计划，监控施工进度，评估施工效果。

④ 量算分析：Navisworks 可以对模型中的元素进行量算，获取其数量、面积、体积等信息，并生成报表。量算分析可以辅助项目成本控制，提高资源利用率。

⑤ 动画漫游：Navisworks 可以创建模型的动画漫游，通过不同的视角和路径展示项目的全貌和细节。动画漫游可以增强项目的可视化和沟通效果，提升项目的吸引力和竞争力。

1. Navisworks 软件界面

Navisworks 是一款专业的模型审阅和协调软件，可以导入多种格式的模型文件，进行模型整合、冲突检测、动画漫游等。Navisworks 2020 版本的软件整体界面如图 2-33 所示。

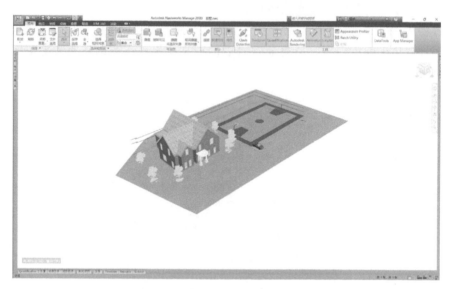

图 2-33　Navisworks 2020 版本软件整体界面

Navisworks 软件界面主要由以下几个部分组成：

① 应用程序菜单（图 2-34）：单击软件界面左上角的应用程序按钮，就可以打开应用程序菜单。应用程序菜单左侧包括新建、打开、保存、另存为、导出、发布、打印和通过电子邮件发送共 8 项命令。

② 菜单栏（图 2-35）：位于界面顶部，包含文件、视图、工具、窗口等菜单项，可以进行各种操作和设置。

图 2-34　Navisworks 软件应用程序菜单

图 2-35　Navisworks 软件菜单栏

③ 快速访问工具栏（图 2-36）：位于菜单栏上方，提供了一些常用的快捷按钮，按钮功能有打开文件、保存文件、撤销、重做等。

图 2-36　Navisworks 软件快速访问工具栏

④ 导航窗口（图 2-37）：位于界面左侧，包含项目浏览器、选择树、属性窗口等面板，可以查看和编辑模型的结构和属性。

⑤ 视图窗口（图 2-38）：位于界面中央，用于显示当前的模型场景，可以通过鼠标和键盘进行视角的调整和漫游。

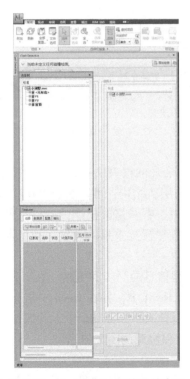

图 2-37　Navisworks 软件导航窗口　　　　图 2-38　Navisworks 软件视图窗口

⑥ 视图导航工具栏（图 2-39）：位于视图窗口的右上角，提供了一些与视图相关的工具按钮，按钮功能有缩放、平移、旋转、截面等。

⑦ 功能状态栏（图 2-40）：位于界面底部，显示当前已经打开的软件功能。

图 2-39 视图导航工具栏

| Quantification 工作簿 | 资源目录 | 项目目录 | 查找项目 | 注释 | TimeLiner | Animator | Scripter |

图 2-40 功能状态栏

2. Navisworks 模型审阅与 Revit 交互

Navisworks 可以导入 Revit 生成的 NWC 格式或 NWD 格式的模型文件，进行模型审阅和协调。导入模型后，可以在项目浏览器中查看模型的层次结构；可以在选择树中按照不同的标准对模型进行筛选和分组；可以在属性窗口中查看和修改模型的各种属性，如名称、颜色、材质等；可以在视图窗口中对模型进行各种视觉效果的设置，如隐藏、透明、着色等。

Navisworks 还可以与 Revit 进行双向的交互，实现模型信息的同步和更新。在 Navisworks 中，可以使用"切换回"功能将当前的视图切换回 Revit 中，并在 Revit 中进行修改。修改后，可以使用"刷新"功能将修改后的模型重新导入 Navisworks 中，并保留之前在 Navisworks 中做过的设置，这样就可以实现模型审阅和协调的闭环流程。

（1）Navisworks 模型审阅与 Revit 交互的概念和目的

Navisworks 模型审阅与 Revit 交互的目的是利用 Navisworks 强大的项目检视功能对来自 Revit 等的 BIM 模型进行整合、协调、分析和可视化展示，从而提高项目质量、效率和安全性，降低项目风险和成本。

（2）Navisworks 模型审阅与 Revit 交互的操作步骤

Navisworks 模型审阅与 Revit 交互的操作步骤主要包括以下几个：

① 从 Revit 导出 BIM 模型到 Navisworks。在 Revit 中打开需要导出的 BIM 模型，选择"文件"→"导出"→"NWC"，在弹出的对话框中选择导出位置和文件名，点击"保存"，等待导出完成，即可得到 NWC 格式的 BIM 模型文件。Revit 软件导出 NWC 格式文件的界面如图 2-41 所示。

② 在 Navisworks 中打开和整合 BIM 模型。在 Navisworks 中选择"文件"→"附加"，或者点击工具栏上的"附加"图标。在弹出的对话框中（图 2-42）选择需要打开或整合的 BIM 模型文件（可以是 NWC 格式或其他格式），点击"打开"。等待打开或整合完成，即可在 Navisworks 中查看 BIM 模型并对其进行操作。

图 2-41　Revit 软件导出界面　　　　**图 2-42　Navisworks 软件导入界面**

③ 在 Navisworks 中检视和协调 BIM 模型。在 Navisworks 中可以使用各种工具来检视和协调 BIM 模型。例如，使用"选择树"窗口来查看和选择模型中的不同对象与层级。选择树窗口如图 2-43 所示。

图 2-43　Navisworks 软件"选择树"窗口

使用"特性"窗口（图 2-44）查看和编辑对象的属性和元数据，能够更加有效地查看各个对象信息。窗口包含多种信息，体现了参数化建模软件的优势。

图 2-44　Navisworks 软件"特性"窗口

使用"查找项目"窗口（图 2-45）搜索和过滤对象，能够快速查找相关对象。在一个大型项目中往往存在大量信息，人工查找非常烦琐，通过软件查找功能可以迅速查找对应构件。

图 2-45　Navisworks 软件"查找项目"窗口

使用【视点】窗口（图 2-46）创建和管理不同的视图。Navisworks 软件能够存储视点，即保存观测者某一次观察模型的位置和角度，通过点击不同的视点可以切换视角，使得模型观测有极大的自由度。

图 2-46　Navisworks 软件"视点"窗口

使用"绘图"→"云线"添加批注和标记。"云线"按钮如图 2-47 所示。在审阅模型时，往往需要观察者对建筑、机电、管线等位置或构件信息进行审阅，使用绘图云线可以帮助审阅人员实现对项目问题位置或构件的标注，从而帮助设计人员修改模型信息，如图 2-48 所示。

图 2-47　"云线"按钮

图 2-48　对问题位置进行标注

使用"碰撞检测"窗口检测并解决模型中的干涉问题。

使用"时间线"窗口创建和管理施工进度计划。

使用"动画"窗口制作和播放动画效果。

④ 在 Navisworks 中输出和共享 BIM 模型。在 Navisworks 中可以使用多种方式来输出和共享 BIM 模型，例如：使用"文件"→"导出"来导出不同格式的文件，如 NWD、DWF、DWG 等；使用"文件"→"发布"来发布 NWD 格式的文件，该文件可以用 Navisworks Freedom 软件打开；使用"文件"→"打印"来打印当前视图或视点；使用"工具"→"报告"来生成不同类型的报告，如碰撞检测报告、属性报告等；使用"工具"→"云服务"来连接 Autodesk BIM 360 平台，实现在线协作和共享。

3. Navisworks 碰撞检测

Navisworks 的一个重要功能是三维模型的碰撞检测。利用"Clash Detective"工具可以有效地发现、审查和报告三维模型中存在的冲突。碰撞检测不仅可以取代传统的、费时的检测流程，还可以在一定程度上规避人为错误造成的风险，同时也可以突出显示潜在的冲突或不完善、不协调的施工顺序。

为了提高碰撞的显示效果，可以在"选项编辑器"→"工具"→"Clash Detective"面板中自定义高亮显示的颜色。碰撞检测功能与其他 Navisworks 工具相结合，可以提供一个强大的冲突解决方案和对工作的可视化报告。越来越多的项目管理人员和项目协作人员正在使用此软件消除设计和施工效率低下的问题，以提高项目合作水平和效率。

碰撞检测与对象动画相结合，可以自动检查移动对象之间的冲突；碰撞检测与现有的动画场景相结合，可以在动画过程中自动高亮显示静态对象与移动对象之间的冲突，如起重机在旋转通过建筑物顶部时的检测；碰撞检测与 TimeLiner 相结合，可以对项目进行基于时间的碰撞检测，也就是对项目的安装顺序进行检查。运行基于时间的碰撞时，TimeLiner 中的每个步骤都会通过"Clash Detective"工具来检查是否存在冲突，如果存在冲突，就记录冲突发生的日期及导致冲突发生的事件。碰撞检测与 TimeLiner 和对象动画相结合，可以对完全动画化的 TimeLiner 进度进行碰撞检测。

① 打开 Navisworks 软件，导入或附加需要进行碰撞检查的模型文件。

② 单击选项卡下方的"Clash Detective"面板，打开"Clash Detective"窗口，如图 2-49 所示。

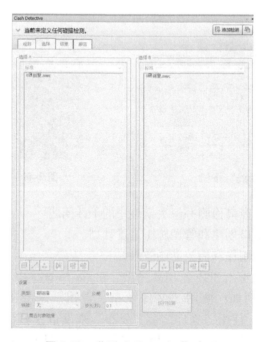

图 2-49　"Clash Detective"窗口

③ 单击"添加检测"选项卡（图 2-50），创建一个或多个碰撞检测。每个碰撞检测都

有一个名称和一组规则，用于定义要进行碰撞检测的项目集、碰撞类型及碰撞容许误差。

图 2-50　"添加检测"选项卡

"测试"面板：是用于管理碰撞检测及其结果的工具。该面板可以通过单击"展开"按钮来显示或隐藏。在该面板中，以表格形式列出了所有创建的碰撞检测。本部分介绍"测试"面板中各个功能按钮的作用，以及如何设置和管理碰撞检测。

"全部重置"按钮：该按钮可以将所有碰撞检测的状态恢复为新建状态，即未运行或未更新过的状态。

"全部精简"按钮：该按钮可以删除所有碰撞检测中已经解决（即没有发生碰撞）的碰撞对象，从而减少碰撞检测的数量，降低检测的复杂程度。

"全部删除"按钮：该按钮可以清空所有已创建的碰撞检测，恢复初始状态。

"全部更新"按钮：该按钮可以运行或更新所有碰撞检测，并显示最新的结果。

"导入/导出碰撞检测"按钮：该按钮可以将已创建的碰撞检测保存为文件或从文件中加载碰撞检测，方便在不同项目或场景中使用。

除了使用功能按钮，还可以通过鼠标右击表格中的某一行来打开快捷菜单，对当前选中的碰撞检测进行单独操作。快捷菜单包含以下命令：

"运行"命令可以运行或更新当前选中的碰撞检测，并显示结果。

"重置"命令可以将当前选中的碰撞检测的状态恢复为"新建"。

"精简"命令可以删除当前选中的碰撞检测中已经解决的碰撞对象。

"重命名"命令可以修改当前选中的碰撞检测的名称。

"删除"命令可以移除当前选中的碰撞检测。

另外，如果鼠标右击"测试"面板的空白区域，快捷菜单将显示与功能按钮相同的选项。

④ 单击"规则"选项卡（图 2-51），自定义要应用于当前选定的碰撞检测的忽略规则。"规则"选项卡用于定义要应用于碰撞检测的忽略规则，该选项卡列出了当前可用的所有规则，这些规则可使 Clash Detective 在碰撞检测期间忽略某个模型几何图形。每个默认规则可以编辑，并可根据需要添加新规则。

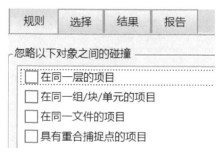

图 2-51 "规则"选项卡

⑤ 单击"选择"选项卡（图 2-52），为当前选定的碰撞检测配置参数。在左窗格和右窗格中选择要进行碰撞检测的项目集，可以使用搜索集、选择集或直接选择项目树中的项目。"选择"选项卡可以仅检测项目集，而不针对整个模型进行碰撞检测。"选择 A"参数栏和"选择 B"参数栏包含当前项目的所有模型内容，并以相互参照的方式显示在两个项目集的树视图中。

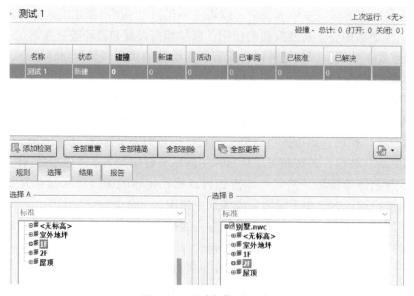

图 2-52 "选择"选项卡

在碰撞检测的主界面可以选择不同的项目进行碰撞检测。在"选择 A"和"选择 B"窗格中，可以看到项目的树状层级结构（图 2-53），并从中选择想要检测的项目。选中的项目会根据设置的条件进行碰撞检测。为了方便选择项目，每个"选择"窗格顶部都有一个下拉列表框，其中提供了四种选择项目的方式：标准，显示所有实例的默认树状层级结构；紧凑，显示简化版的树状层级结构；特性，显示基于项目特性的层级结构；集合，显示与集合窗口中相同的项目，只有当模型中包含集合时，才能使用这一选项。使用选择集和搜索集可以更快、更有效和更轻松地重复碰撞检测。

图 2-53   项目的树状层级结构

⑥ 单击"结果"选项卡查看已找到的碰撞，可以使用不同的控件对碰撞进行管理、分组、过滤、排序、高亮显示、隐藏和模拟，也可以在场景视图中直接选择和查看碰撞项目。图 2-54 中展示了碰撞检测的结果，每个结果包括碰撞名称、注释、状态、级别、轴网交点、建立日期和时间、批准信息等多个属性，鼠标右击属性名称，在弹出的右键菜单中选择"选择列"选项，可以自定义属性的显示或排序。

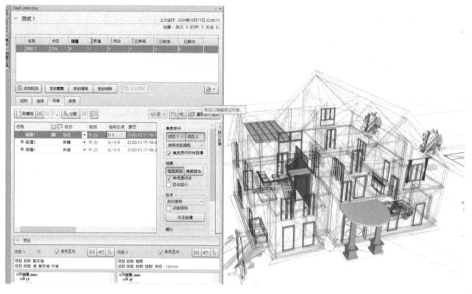

图 2-54　碰撞检测结果示意图

对碰撞检测结果的组织和管理非常重要，包括对碰撞重命名，或者将它们归类到不同的文件夹中方便查阅。有时候一个碰撞可能包含多个子碰撞。例如，一面由多个构件组成的墙与地基发生碰撞时，就会显示出每个构件与地基的子碰撞。

⑦ 单击"报告"选项卡，设置和生成包含选定测试中找到的所有碰撞结果的详细信息的报告（图 2-55），可以选择报告的格式、内容、范围和位置。

图 2-55　"报告"选项卡

"内容"面板：该面板可以勾选碰撞检测报告中包括的信息。

"包括碰撞"面板：该面板可以根据需要筛选不同类型的碰撞。如果只想生成筛选后的结果，可以勾选"仅包含过滤后的结果"复选框，这样导出的报告就只显示所选的碰撞。

"输出设置"面板：该面板可以选择报告的类型和格式。常用的报告格式选项有"HTML（表格）"和"作为视点"。"HTML（表格）"格式的报告可以方便地修改字体和表格样式，或添加项目标签，如图 2-56 所示。它的优点是文件占用空间小，便于通过邮件或网络传输；另外，它也可以在 Excel 表格中打开。

AUTODESK® NAVISWORKS® 　碰撞报告

测试 2	公差 0.001m	碰撞 6	新建 0	活动的 0	已审阅 0	已核准 0	已解决 6	类型 硬碰撞	状态 确定

						项目 1		项目 2	
图像	碰撞名称	距离	网格位置	碰撞点		项目 ID	图层	项目 ID	图层
	碰撞1	-0.250	H-10：标高 1	x:3.684,　y:4.907,　z:2.700		元素 ID: 625255	<无标高>	元素 ID: 577430	标高 2
	碰撞2	-0.190	B-10：标高 1	x:3.744,　y:-3.857,　z:2.700		元素 ID: 624448	<无标高>	元素 ID: 577507	标高 2
	碰撞3	-0.190	B-8：标高 1	x:-1.496,　y:-3.685,　z:2.760		元素 ID: 622517	<无标高>	元素 ID: 576772	标高 2
	碰撞4	-0.190	H-8：标高 1	x:-1.496,　y:5.063,　z:2.700		元素 ID: 623623	<无标高>	元素 ID: 576657	标高 2
	碰撞5	-0.130	H-15：标高 1	x:18.704,　y:4.625,　z:2.870		元素 ID: 624633	<无标高>	元素 ID: 576906	标高 2
	碰撞6	-0.130	H-2：标高 1	x:-16.456,　y:5.063,　z:2.870		元素 ID: 622794	<无标高>	元素 ID: 575701	标高 2

图 2-56　导出 HTML 格式的碰撞报告

4. Navisworks 动画模拟

Navisworks 具有动画模拟的功能，可以对模型进行动态展示和演示，如模型的运动、变形、拆装等。"TimeLiner"工具可以创建四维施工模拟，它位于"常用"选项卡的"工具"面板中。施工顺序或任务可以从模型对象、任务或外部调度软件中选择或导入，并定义开始和结束日期。任务与模型对象在计划中建立关联，用于生成模拟效果。使用"TimeLiner"工具可以实现施工顺序可视化，预防和避免建设过程中可能出现的问题。利用新的成本工具可以评估设计、调度和决策对成本的影响，优化项目管理，该工具可以快速比较计划日期和实际日期的不同情景和假设，提高施工团队的协作和协调能力，降低项目成本。通过将成本分配到任务，可以跟踪施工进度的成本变化。"TimeLiner"工具的一个优点是可以根据模型层次结构自动生成施工模拟任务，也可以通过搜索集、选择集创建施工进度表。将"TimeLiner"工具与碰撞检测结合，可以进行基于时间的碰撞检查。将"TimeLiner"工具与对象动画和碰撞检测相结合，可以进行基于时间的动态碰撞检查，实现多个运动对象的可视化，而不是靠肉眼判断。

（1）"TimeLiner"窗口

"TimeLiner"窗口是固定窗口（图 2-57），用于将模型中的项目与任务关联，任务有开始日期和结束日期，结合这些数据可以生成项目的进度模拟。窗口有 4 个选项卡，了解它们的具体功能可以帮助掌握"TimeLiner"工具的特点和用法。

图 2-57　"TimeLiner"窗口

（2）"任务"选项卡

"任务"选项卡包括工具栏和两个窗格，如图 2-58 所示。通过"任务"选项卡可以创建和管理项目任务。

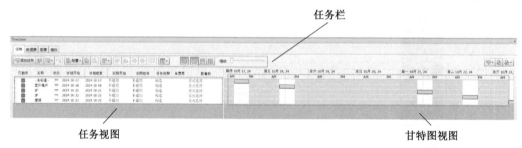

图 2-58　TimeLiner"任务"选项卡

（3）施工动画模拟实例

本次模拟的目的是通过运行一个最基本的 TimeLiner 模拟，展示简单的施工操作，需要注意的是，真实的施工情况往往会相当复杂。本次模拟使用了 Navisworks 软件自动生成的任务和时间，其主要的步骤可以简要概述为以下几步：

第 1 步，在 Navisworks 中打开从 Revit 中导出的"别墅.nwd"模型文件，点击"常用"选项卡下的"工具"面板中的"TimeLiner"按钮，进入"TimeLiner"窗口（图 2-59）。

图 2-59　TimeLiner 位置示意图

第 2 步，在 Navisworks 软件的"TimeLiner"窗口创建任务，每个任务包括名称、开始日期、结束日期和任务类型等属性。在 TimeLiner 中，创建任务的方式有手动创建和自动创建（表 2-2），本次模拟实例选择根据建立的模型自动生成任务和时间。

表 2-2　TimeLiner 中创建任务的方式

方式	说明
手动创建	一次添加一个任务；根据选择树、选择集或搜索集中的对象结构创建
自动创建	根据添加到"TimeLiner"中的数据源创建

第 3 步，在"TimeLiner"窗口中切换到"任务"选项卡，点击"任务"选项卡下的"自动添加任务"按钮（图 2-60），软件会根据设计过程自动生成建造任务。

图 2-60　自动创建任务

第 4 步，切换到"模拟"选项卡，场景视图和"TimeLiner"窗口中的内容会相应变化（图 2-61），出现的模型会符合不同时间的施工情况。

图 2-61　"模拟"选项卡下模拟施工

第 5 步，在播放控件中点击"播放"按钮，模拟会持续 20 s，场景会按照任务视图中的安排模拟建筑的构造过程，本次案例使用本小节所建的别墅模型进行施工模拟，别墅的施工模拟过程如图 2-62 所示。

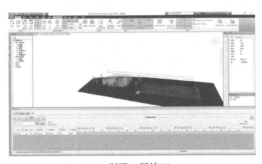

(a) 别墅一层施工

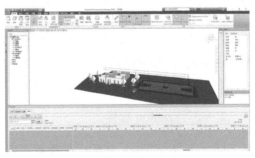

(b) 别墅一层施工完成

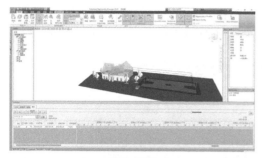

(c) 别墅二层施工

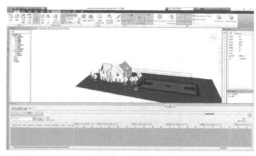

(d) 别墅二层施工完成

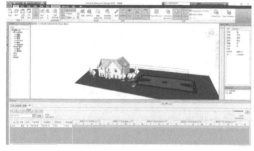

(e) 别墅屋顶施工

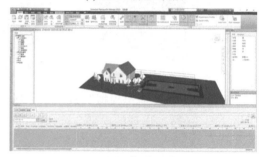

(f) 屋顶施工完成

图 2-62　别墅的施工模拟过程

如果希望在其他设备上播放四维模拟，可以将四维模拟导出为图像或动画（图 2-63），导出的视频或图像容易观察，能够看到整个项目的建造过程，能够帮助管理人员进行更加细致的管理工作。

实际工程施工过程中，可能需要调整计划，这时就需要导入新的进度计划，并与现有任务同步，验证新计划的合理性。使用 Navisworks 的"TimeLiner"工具可以从各种来源导入进度，如 Excel 或 Microsoft Project 等，并可以使用模型中的对象连接进度中的任务以创建四维模拟。这样就

图 2-63　导出施工模拟动画

可以在三维模型中直观地看到施工过程和进度变化，并及时发现和解决问题。

2.1.3　Lumion 软件

Lumion 是一款图形化的三维场景制作软件，Lumion 内置了丰富的动植物素材，可以快速地模拟真实的光线、云雾等环境效果，创造出令人震撼的视觉效果。Lumion 广泛应用于景观设计、旅游景区设计、建筑设计及部分舞美设计中。Lumion 可以直观、真实地表达设计方案，从而获得甲方的认可。Lumion 可以输出视频、视频序列或静帧图，也可以输出具有交互能力的场景包，为设计表达提供多种选择。Revit 在效果表现方面有一定的局限性，通常可以先用 Revit 创建模型，再用 Naviswork 进行模型检查及施

工模拟，最后将调整后得到的模型导入 Lumion 进行效果表现，这是一种非常有效的设计工作流程，本案例使用的软件为 Lumion 10.5.1 版本。

Lumion 的主要特点：

① 实时渲染：Lumion 采用了实时渲染技术，可以在几秒内生成高质量的图像或视频。实时渲染可以大大缩短渲染时间，提高工作效率和效果。

② 易用性：Lumion 具有简洁直观的用户界面和操作方式，无需复杂的设置和调整，即可快速上手并完成渲染任务。Lumion 还支持实时预览和修改，可以随时调整模型和场景的参数，并立即显示结果。

③ 兼容性：Lumion 支持多种格式的模型文件导入，例如 SKP、RVT、DAE、FBX 等文件格式，并且可以与 Revit、SketchUp 等软件实现实时联动，即时更新模型的变化。Lumion 还支持多种格式的图像和视频文件导出，例如 JPG、PNG、MP4 等，方便与其他软件或平台共享。

④ 创意性：Lumion 提供了丰富的创意工具和功能，例如天空、水面、雾气、火焰、雨雪等特效，以及风格化、色彩校正、镜头效果等滤镜，可以为模型和场景增添不同的氛围和情感。Lumion 还支持自定义创建动画和视频，通过镜头运动、剪辑、音乐等手段讲述项目的故事和理念。

1. Lumion 工作界面

Lumion 是一款专业的建筑可视化软件，可以快速地将模型渲染成高质量的图片和视频，Lumion 软件的工作界面如图 2-64 所示。

图 2-64　Lumion 软件工作界面

Lumion 软件的工作界面主要由以下几个部分组成：

① 输出系统（图 2-65）：位于界面右下角，包含编辑模式、拍照模式、动画模式、保存、360 全景模式、设置按钮和蓝色帮助按钮，通过帮助按钮可以迅速了解软件操作，并通过菜单栏进行各种模式的切换。

图 2-65　输出系统

② 物体库（图 2-66）：位于界面左下角第一项，包含各种类型的物体，如建筑物、植物、人物、车辆、家具、特效等，可以通过拖拽或双击来将物体或材质添加到场景中。点击物体库，右侧出现操作栏，其中包括"放置物体""选择物体""旋转物体""缩放""删除物体""撤销选择""取消所有选择"和"上下左右移动物体"等操作。

图 2-66　物体库

③ 材质库（图 2-67）：位于界面左下角第二项，包含各种类型的材质，用户可以根据项目需要进行自定义材质的创建，创建的材质能够用于模型各个部分。

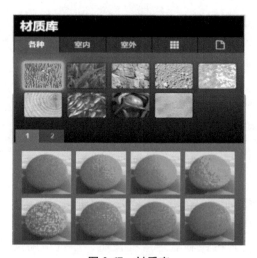

图 2-67　材质库

④ 景观库（图 2-68）：位于界面左下角第三项，包含各种类型的景观，软件预设的多种景观能够满足各种项目需求。

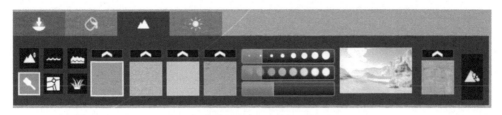

图 2-68　景观库

⑤ 天气系统（图 2-69）：位于界面左下角第四项，用户可以通过设置光照、云量、位置等信息，调整整个模型所处场景的天气状况，实现多种天气下的模型渲染。

图 2-69　天气系统

⑥ 场景窗口（图 2-70）：位于界面中央，显示了当前的场景效果，用户可以通过鼠标和键盘进行视角的调整与漫游。

图 2-70　场景窗口

2. Lumion 渲染流程

Lumion 可以将导入的模型渲染成高质量的图片和视频，渲染流程的步骤如下。

第 1 步，在 Revit 中导出模型。在 Revit 中完成建筑模型的设计后，将其导出为 Lumion 能够识别的格式。常用的方法有两种。

方法一：使用 Lumion LiveSync for Revit 插件。这是一个专门为 Revit 和 Lumion 之间的数据交换而开发的插件，可以保留模型的材质和层次结构。使用方法是：安装 Lumion LiveSync for Revit 插件后点击选项卡并设置相关参数，最后确定导出模型的位置，如图 2-71 所示。

(a) 点击选项卡

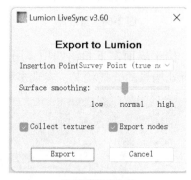

(b) 设置相关参数

图 2-71　插件导出 DAE 格式文件

　　方法二：导出 FBX 格式文件。FBX 是一种通用的三维模型格式，可以被多种软件识别。其使用方法是打开 Revit 管理选项卡项目单位对话框，设置长度单位为"米"，单击应用菜单，文件导出格式选择 FBX 格式（图 2-72），并选择存储位置。

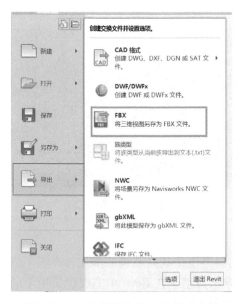

图 2-72　Revit 软件导出 FBX 格式文件

　　第 2 步，在 Lumion 中导入模型。在 Lumion 中打开一个新场景或已有场景，在工作页面选择"导入新模型"（图 2-73a）。在弹出的文件浏览窗口中选择使用 Revit 导出的模型文件（使用插件导出为 DAE 格式，使用 Revit 则导出为 FBX 格式），点击"确定"

按钮打开模型文件。打开新的模型文件时会弹出属性设置窗口，在 Lumion 中对新模型进行命名，Lumion 会默认以原始文件名对模型进行命名，命名完成之后勾选"确定"按钮即可。如果有多个模型文件需要导入，则依次重复上述操作。

(a) Lumion软件点击"导入新模型"

(b) 选择生成的DAE格式模型文件

(c) 确认导入模型

图 2-73　生成的 DAE 模型导入流程

第 3 步，在 Lumion 中放置和调整模型。将所有的模型文件导入后，将它们放到合适的位置。Lumion 会有箭头提示，直接单击鼠标左键即可放置模型。如果需要调整模型的位置、旋转、缩放等属性，可以单击相应模型类别中的"移动""旋转""缩放"等工具进行调整。如果需要对模型进行分组或隐藏等操作，可以单击相应模型类别中的"编辑"工具进行操作，模型放置状态窗口如图 2-74 所示。

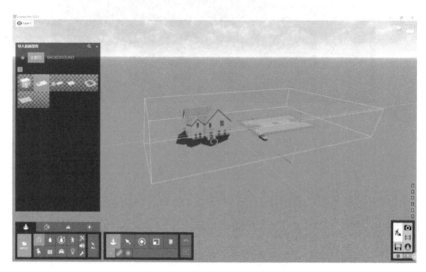

图 2-74　模型放置状态窗口

Lumion 的键位操作非常简单，只需要操作几个键位就可以实现多种操作，图 2-75 是 Lumion 软件简单的键位操作示意。

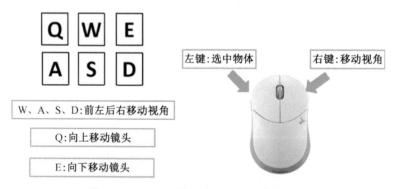

图 2-75　Lumion 软件简单的键位操作示意

第 4 步，在 Lumion 中渲染和美化模型。Lumion 提供了丰富的渲染效果和材质库，可以让模型更加逼真和细致。在 Lumion 的工作页面选择"物体""材质""天气""景观"等选项卡，可以对模型的材质、光照、阴影、背景、环境等进行设置和修改。

第 5 步，导出渲染过后的图片或者动画。在 Lumion 的工作页面选择"拍照模式""动画模式""360 全景图"等选项卡，对模型的视角、动画、特效等进行设置和保存，在 Lumion 的工作页面选择"渲染影片"，对作品进行最终的渲染和输出。

在拍照模式下对图片进行渲染和输出。图 2-76a 是拍照模式下的工作窗口。在拍照模式下的图像窗口同样按照编辑模式的操作方式进行移动和角度调整，可以切换不同的拍照角度，也可以通过在拍照模式窗口下调整焦距等方式进行图片处理，如图 2-76b 所示。拍照模式下渲染的图片如图 2-76c 所示。

360 全景模式下的操作方式与拍照模式类似，同样是进入图像窗口进行移动和调整视角，不同的是 360 全景模式下生成的图片可以在 VR 设备中进行展示，能够让人更加直观地体验到真实场景，同时带来更加丰富的应用场景。360 全景模式下的工作窗口如图 2-76d 所示。360 全景模式下渲染的图片如图 2-76e 所示。

(a) 拍照模式下的工作窗口

(b) 拍照窗口调整焦距

(c) 拍照模式下渲染的图片

(d) 360 全景模式下的工作窗口

(e) 360 全景模式下渲染的图片

图 2-76　拍照及 360 全景模式下的图片生成效果展示

在动画模式下对拍摄制作的动画进行渲染输出。图 2-77a 是动画模
式的工作界面。首先点击"进入动画"模式，然后点击下方的"录制"
选项进入动画制作模式，与拍照模式相同的是动画模式下的图像窗口同
样按照编辑模式的操作方式进行移动和角度调整，不同的是需要在动画
下方添加关键帧。Lumion 软件以镜头移动视角确定漫游路线并根据添加

Lumion漫游动画

关键帧的位置生成渲染的影片，随后点击"确定"按钮即可将拍摄片段添加到电影胶
片轨道，最后对拍摄的动画进行渲染，使得生成的动画达到超清画质。

(a) 动画模式的工作界面

(b) 在轨道添加关键帧

(c) 点击渲染生成影片

(d) 渲染完成的影片

图 2-77　动画模式下生成影片流程及渲染效果

2.2　BIM 模型相关标准

BIM 模型是指基于 BIM 技术创建的包含建筑物各种信息的三维数字模型，可以反映
建筑物的几何形态、结构构件、材料属性、空间关系、功能等方面的特征。BIM 模型是
BIM 技术应用的核心和基础，也是 BIM 技术与其他技术交互的媒介。为了保证 BIM 模
型的质量和一致性，需要遵循一定的规范和标准。

2.2.1　BIM 模型构建要求

BIM 模型构建要求是指在创建和管理 BIM 模型时需要遵循的一些原则和规则，用来
保证 BIM 模型的正确性、完整性、有效性和可用性。BIM 模型构建要求通常包括以下几

个方面：

BIM 模型目标：明确 BIM 模型的应用目的和范围，确定所需的信息内容和精度水平。

BIM 模型结构：合理划分 BIM 模型的层次结构和组织方式，以便于管理和交换。

BIM 模型元素：规范 BIM 模型中各种元素的定义和命名，统一元素的分类和编码。

BIM 模型参数：规范 BIM 模型中各种参数的设置。

其中，BIM 模型参数与 BIM 模型参数化息息相关，BIM 模型参数化是指利用 BIM 模型中的参数来实现模型的动态变化和智能控制，提高模型的灵活性和适应性。BIM 模型参数化的实质是建立模型元素之间的关联关系和约束条件，使得当某个参数发生变化时，其他相关的参数也能自动更新。例如，当墙的厚度变化时，门窗的位置也能相应调整；当楼层高度变化时，楼梯的台阶数也能相应改变等。

BIM 模型参数化可以带来以下好处：提高设计效率和质量，通过使用预定义的元素类型和实例，可以快速创建和修改模型；通过建立关联关系和约束条件，可以保证模型的一致和准确性；支持多方案分析和优化，通过改变参数值，可以生成多种方案并对这些方案进行比较和评估；支持多专业协同工作，通过共享和交换模型中的参数信息，可以实现不同专业之间的数据一致和信息互通；支持全生命周期管理，通过跟踪和更新模型中的参数信息，可以反映建筑物在设计、施工、运营等阶段的状态变化。

2.2.2　BIM 建模精度及 LOD 等级

BIM 建模精度即 LOD 等级，用于描述模型的细致程度。LOD 等级划分方法可以帮助 BIM 项目参与者明确 BIM 模型在不同阶段和专业所需达到的建模精度要求，并对 BIM 模型进行质量检查和评价。同时，LOD 等级划分方法也可以作为 BIM 项目合同中规定 BIM 模型交付标准和责任分配的依据。

LOD 等级划分方法由美国建筑师协会（AIA）于 2008 年首次提出，美国 BIM Forum 协会于 2013 年修订并发布了 LOD 规范（LOD Specification），该规范目前已经更新到了 2022 年版。LOD 等级划分方法将 BIM 建模精度分为以下 5 个等级：

LOD 100：该等级作为重要的项目量体评估研究，评估项目的面积、高度、体积、位置和坐向。此阶段通常不考虑任何项目细节，只考虑量体发展。此阶段的模型精度通常是用于项目前期规划、视觉方案研究及基本的成本估价。在 LOD 100 等级作业时，建筑项目无太多的信息，仅包含少部分标注以让业主大概知道专案的面积、体积或者形体。

LOD 200：该等级包含项目内部的大部分建筑组件，包括数量、尺寸、外观、位置信息。此模型细致等级可将非图形的数据加入组件，并且将项目的主要对象如墙、楼板、天花板、屋顶及开口等加入项目，但组件所使用的材质及样式在此阶段并未明确定义。某些情况下部分组件已确定尺寸，部分则还未确定。例如，项目中墙壁上或屋顶上的开口还未定义是否为门、窗或天窗等，大致清楚组件的厚度和更准确的空间配置与项目尺寸，组件仅代表项目中的位置。在 LOD 200 精度可分析各组件的呈现效果，决定最佳组件使用，并且依据面积、体积及组件数量进行成本估算。

LOD 300：该等级所呈现的组件可知道其准确参数，如数量、尺寸、外观、位置及朝向等，其精度可能不会包含正确的对象或是内部的材质，但是能为对象加入特定数据、参考标注、限制或规格表，以生成相关施工文件。LOD 300 所呈现出来的精度已有足够的数据对项目内的对象做更详细的系统分析，特定的成本估算和施工文件可以由LOD 300 模型生成。目前，大多数项目中的 BIM 模型以 LOD 300 精度水平建立，一开始即可展示个别对象的细节，但对组件吊装及维护等信息无更详细的数据。

LOD 400：该等级的 BIM 对象必须包含或已有相关细节信息，如 2D 平面设计视图、组装顺序及制造。在 LOD 400 模型精度下能制作出可以作为施工参考的施工文件，从而对模型做更准确的分析和得到准确的单价数据。LOD 400 和 LOD 300 的主要差别在于相同对象内所包含的信息数量的多寡及对象本身是否内嵌或外连 2D 平面视图。

LOD 500：该等级能够呈现模型组件最精确的细节，其不仅含有 LOD 400 精度水平的所有信息，同时包含各组件的表面纹理信息、不同组件拼接组装位置信息、设计变更信息、施工安装信息等。但一般模型不需要精细到此等级的模型细节，除组件细部呈现以外的其他地方并不多见，通常此模型精度组件依附在项目模型中，用于更高精度的细部详图视图中。一般而言，在项目中不使用 LOD 500，因为这一精度水平的大量模型信息在项目各阶段应用中属于非必要信息。

图 2-78 是不同 LOD 等级显示示意图，从图中可以看出，从 LOD 100 到 LOD 500 模型精度逐渐提升，细节逐渐完善。在实际工程应用中需要根据项目要求选择合适的模型精度。

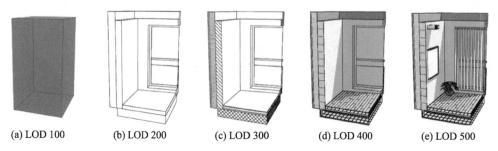

(a) LOD 100 (b) LOD 200 (c) LOD 300 (d) LOD 400 (e) LOD 500

图 2-78 不同 LOD 等级显示示意

2.2.3 IFC 标准及其他标准

IFC 标准借用 STEP（standard for exchange of product model data，产品模型数据交换标准）的框架和资源来制定的面向对象的数据标准，IFC 标准的目的是通过三维的建筑产品数据标准，使得不同专业或者同一专业不同软件实现统一数据源的共享，从而实现建筑全生命周期各阶段的数据交换与共享。

IFC 标准的主要特点包括：开放性，IFC 标准是一个开放的、非专有的、非软件依赖的标准，任何软件开发商或用户都可以免费使用和参与；全面性，IFC 标准涵盖了建筑工程项目全生命周期中各个阶段和专业所涉及的各种信息，包括设计、分析、施工、运营等；可扩展性，IFC 标准采用模块化的设计方式，可以根据需求和应用场景的不同进行扩展和定制；兼容性，IFC 标准支持与其他相关的国际标准或规范对接和协调，如 ISO 10303、ISO 12006、ISO 13567 等。

IFC 标准的核心技术内容分为两个部分：一个是工程信息如何描述；另一个是工程信息如何获取。IFC 的信息描述分为四个层次，从下往上分别为资源层、核心层、共享层、领域层。每个层次又包含若干模块，相关工程信息集中在一个模块里描述。资源层里多是基础信息定义，例如材料、几何、拓扑等；核心层定义信息模型的整体框架，例如工程对象之间的关系、工程对象的位置和几何形状等；共享层定义跨专业交换的信息，例如墙、梁、柱、门、窗等；领域层定义各自领域的信息，例如暖通领域的锅炉、风扇、节气阀等。IFC 信息的获取可以有两种手段，一种是通过标准格式的文件交换信息，另一种是通过标准格式的程序接口访问信息。

除 IFC 标准外，还有一些与 BIM 相关的国际或国内标准和规范，例如：ISO 19650-1:2018 *Organization and digitization of information about buildings and civil engineering works*, *including building information modelling*（*BIM*）*— Information management using building information modelling—Part 1: Concepts and principles*。这是第一个关于 BIM 信息管理的国际标准，由 ISO 于 2018 年 12 月发布。ISO 19650-1 标准是关于使用 BIM 进行信息管理的国际标准的第一部分。该标准规定了 BIM 信息管理过程中涉及的概念和原则、BIM 信息管理框架、BIM 信息管理角色和职责等内容，提出了信息管理的概念和原则。

ISO 19650-2:2018 *Organization and digitization of information about buildings and civil engineering works*, *including building information modelling*（*BIM*）*— Information management using building information modelling — Part 2: Delivery phase of the assets*。这是第二个关于 BIM 信息管理的国际标准，由 ISO 于 2018 年 12 月发布。ISO 19650-2 标准是关于使用 BIM 进行信息管理的国际标准的第二部分。该标准规定了 BIM 信息管理过程中涉及的项目启动阶段、项目交付阶段、项目运营阶段的内容，提出了资产交付阶段的信息管理过程。

我国的 BIM 技术虽然起步较晚，但是经过多年的迅速发展已经颁布了诸多国家标准和行业规范（表 1-1），这些标准明确了 BIM 技术过程中涉及的术语和定义、BIM 技术目标和范围、BIM 技术组织管理、BIM 技术要求等内容，有效促进了 BIM 技术在我国建筑领域的推广和应用。

本章练习题

思考题

1. BIM 应用软件的分类框架是什么？为什么需要对 BIM 应用软件进行分类？

2. 分别列举一款设计类 BIM 软件、分析类 BIM 软件和协同类 BIM 软件，并解释它们在项目中的作用和价值。

3. 列举并详述创建 BIM 模型的基本要求，并说明为什么这些要求对于 BIM 项目的成功至关重要。

4. 在 BIM 模型构建过程中，如何确保模型的准确性和一致性？请提供至少两种方法。

5. 什么是 LOD? 简要描述 LOD 100、LOD 200 和 LOD 300 在 BIM 建模中代表的含义和用途。

6. 如何根据项目的不同阶段和需求恰当地选择 LOD 等级?

7. 解释 IFC 标准在 BIM 中的作用，并解释标准化对于多个软件间的协作和信息交换至关重要的原因。

8. 列举一个我国目前颁布的 BIM 模型标准，并描述它与 IFC 标准的异同。

9. 以一个建筑项目为例，描述 Revit、Navisworks 和 Lumion 在项目中的工作流程，指出每个软件在不同阶段的作用。

10. 在 Revit、Navisworks 和 Lumion 之间如何有效管理模型数据和信息传递? 请你提供一些自己的思考来解决该问题。

第 3 章　BIM 技术在深化设计阶段的应用

BIM 技术深化设计是指运用 BIM 技术进行深化设计工作。一般来说，BIM 技术深化设计按照流程节点可以分为设计深化和现场深化，按照专业类型可以分为专业深化设计和综合深化设计。

BIM 技术深化设计的目的是在各个专业模型的基础上进行优化、集成、协调、修订，最终得到各专业详细施工图纸以满足施工及工程管理的需要。BIM 技术深化设计的主要内容如下：

① 前期准备：分析方案、统一构造做法、确定模型划分和建模标准等；

② 深化模型：确定柱位、水电暖通管线走线方案、层高、设备用房位置、管道井位置及大小等；

③ 校对出图：标注门窗洞口尺寸、细部构件尺寸、节点索引、图面文字索引、门窗编号等；

④ 碰撞检测：利用 BIM 软件检测管线之间、管线与土建模型之间的所有碰撞问题，并反馈给各专业设计人员进行调整；

⑤ 图纸优化：根据碰撞检测结果和施工要求对图纸进行优化和修改；

⑥ 施工协调：利用 BIM 模型进行施工方案模拟、施工进度管理、施工资源管理等，提高施工效率和质量；

⑦ 预算纠偏：利用 BIM 模型进行工程量统计和造价分析，及时发现预算偏差并进行调整。

BIM 技术深化设计的软件有很多，根据专业和需求可以选择不同的软件，如表 3-1 所示。一般来说，BIM 技术深化设计软件可分为以下几类：

① 建筑专业类软件：用于建筑模型的创建、编辑和管理的软件。例如，Revit 是 Autodesk 公司开发的一款集建筑、结构、机电于一体的 BIM 软件，可以借助一些插件（如建模助手、MagiCAD 等）进行三维建模、协同设计、碰撞检测、出图等。另外，Sketch Up、Rhino 等也是常用的建筑三维建模软件。

② 结构专业类软件：用于结构模型的创建、编辑和管理的软件。例如，Tekla Structures 是芬兰 Tekla 公司开发的一款钢结构详图设计软件，具有钢结构建模、深化设计、出图出料等功能。PKPM、3D3S、YJK 等也是常用的结构深化设计软件。

③ 机电专业类软件：用于机电模型的创建、编辑和管理的软件。例如，MagiCAD 是芬兰 Progman 公司开发的一款基于 Revit 平台的机电设计软件，可应用于暖通空调、

给排水、电气等专业的深化设计。Revit MEP、AutoCAD MEP 等也是常用的 BIM 机电深化设计软件。

④ 综合管理类软件：对不同专业的 BIM 模型进行综合管理和应用的软件。例如，Navisworks 是 Autodesk 公司开发的一款 BIM 项目协作和管理软件，具有模型集成、碰撞检测、施工模拟等功能。Solibri Model Checker、BIMMAKE 等也是常用的 BIM 综合管理软件。

表 3-1　常用 BIM 技术深化设计软件

软件名称	软件说明
Revit	最常见的三维设计软件，集建筑设计、结构设计、机电工程设计功能于一体，能协同设计，支持多种数据交换、碰撞检查及一键出图
Tekla Structures	别名 Xsteel，是芬兰 Tekla 公司开发的钢结构详图设计软件
PKPM	一款专业的工程建筑行业软件，由北京构力科技有限公司开发，主要用于建筑设计、绿色建筑、工程造价、施工技术和项目管理等方面
YJK	由北京盈建科软件股份有限公司开发，主要用于建筑结构计算、施工图绘制、BIM 协同、数字化智能设计等方面。它可以为用户提供一系列完整的集成化 CAD 系统，帮助用户提高工作效率和质量
3D3S	由上海同磊土木工程技术有限公司开发，主要用于钢结构和空间结构的设计、分析、建造和绘图等方面
MagiCAD	一款功能强大的 BIM 深化设计软件，提供专业、高效的 BIM 解决方案
ArchiCAD	一款基于建筑信息模型（BIM）技术，拥有强大的设计图档、参数计算等自动生成功能，适用于建筑师、室内设计师和城市规划师等专业人员
MicroStation	一款通用的二维和三维设计软件，支持多种行业标准和格式，可以与 Revit 等软件进行数据交换
SolidWorks	一款专业的三维建模软件，适用于机械、工业、建筑等领域，具有结构分析、运动仿真、渲染等功能
CATIA	一款高端的三维设计软件，主要用于航空、汽车、造船等行业，具有复杂曲面建模、参数化设计、工程分析等功能
Rhino	一款专业的曲面造型软件，具有复杂的三维建模、分析、渲染等功能

3.1　BIM 技术在钢筋混凝土结构中的深化设计

钢筋混凝土（reinforced concrete，RC）是一种常用的建筑材料，它由钢筋和混凝土组成，具有良好的力学性能和抗震性能。RC 结构的设计和施工涉及钢筋的形状、尺寸、数量、位置、连接方式等多方面的内容，往往需要进行精细化的深化设计，以保证结构安全、经济、美观。

传统的钢筋深化设计方法主要依靠二维的图纸和表格来表达，这种方法存在以下缺点：

①　信息量有限，难以反映复杂结构的真实情况；

②　信息传递效率低，容易出现错误和遗漏；

③　信息更新困难，难以实现对设计变更的快速响应；

④　信息利用率低，难以实现与其他专业和阶段的信息共享及协同。

为了克服这些缺点，基于 BIM 技术的 RC 深化设计方法应运而生。基于 BIM 技术进行 RC 结构深化设计，具有以下优势：

①　信息量丰富，能够清晰地展示复杂结构的三维形态和细节；

②　信息传递效率高，能够实现图形化、可视化、动态化和交互式的信息表达与沟通；

③　信息更新灵活，能够实现对设计变更的自动检测和同步更新；

④　信息利用率高，能够实现与其他专业和阶段的信息集成及协同，支持多维分析和优化。

3.1.1　BIM 技术在 RC 结构深化设计中的组织框架

通常在施工现场，现浇 RC 结构中钢筋的排布及模板的布置都需要根据现场的情况进行深化，方可达到实际施工的深度。通常，由技术部门下设的深化设计部门来完成常规深化，而当引入 BIM 技术后，深化设计可以完成得更加智能、更加准确，同时一些常规的深化手段无法解决的问题通过 BIM 技术也可以很好地解决。但 BIM 部门必须在技术部门的领导下，密切与深化设计部门配合进行数据的交互，共同完成对现浇混凝土结构工程的深化设计及后续相关工作。RC 结构深化设计组织构架如图 3-1 所示。

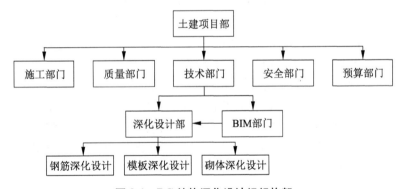

图 3-1　RC 结构深化设计组织构架

3.1.2　BIM 技术在钢筋工程中的深化设计

钢筋工程深化设计是指在结构设计的基础上，根据施工要求和规范，对钢筋的形状、尺寸、数量、连接方式等进行详细的设计和绘图，使之便于加工、运输、安装和检验。钢筋深化设计是钢筋工程的重要环节，直接影响钢筋工程的质量、效率和成本。

随着建筑工程的规模和复杂度不断增加，用传统的手工或二维软件进行钢筋深化设计已经不能满足现代建筑工程的需求。因此，基于 BIM 技术的钢筋深化设计软件应运而生，如图 3-2b 所示，它为钢筋深化设计提供了更高效、更智能、更精确的解决方案。

(a) 实际工程　　　　　　　　　　　　　　(b) BIM模型

图 3-2　钢筋混凝土梁柱节点钢筋深化节点

目前市场上有很多钢筋深化设计软件，不同的软件有不同的功能和应用。下面介绍两款常用的钢筋深化设计软件：Tekla Structures 和广联达 BIMMAKE 钢筋翻样。

（1）Tekla Structures

Tekla Structures 是一款基于 BIM 技术的钢结构深化设计软件，它可以创建、组织、管理和共享精确的三维钢筋模型。其功能包括：

① 自动识别开孔和切口，并根据需要创建拼接的钢筋；

② 为各种规模的项目提供可靠、灵活的自动编号，减少碰撞和错误；

③ 根据混凝土几何图形的更改自动更新钢筋关联的图纸和明细表；

④ 使用智能工具修改钢筋或添加连接器；

⑤ 在共享模型上协作，用 IFC、PDF、DXF、DWG 和 DGN 格式交换模型；

⑥ 处理设计更改，进行自动检测和报告等；

⑦ 利用 Tekla Warehouse 预配置组件和插件。

Tekla Structures 可以应用于各种类型和规模的钢筋工程项目，如桥梁、隧道、高层建筑、工业厂房等。它可以与结构分析设计软件、施工管理软件、生产管理软件等进行数据对接，实现 BIM 协作。图 3-3 所示为 Tekla Structures 软件的工作界面。

（2）广联达 BIMMAKE 钢筋翻样

BIMMAKE 钢筋翻样是广联达 BIMMAKE 系列软件之一，是主要供钢筋专业从业工程师、技术工程师使用的专业化应用软件。BIMMAKE 钢筋翻样的工作界面如图 3-4 所示。其主要功能包括：

① 支持导出 GTJ 获取钢筋模型，可以识别 CAD 智能创建土建模型及其钢筋模型；

② 生成的钢筋 BIM 模型可在 BIMMAKE 内继续进行三维节点精细化编辑，并可上传 BIMFACE 三维交底指导施工；

③ 软件内置国家规范 22G 平法规则，以及更符合施工业务的计算设置、节点设置及施工段甩筋算法，可获得更精准的钢筋翻样量；

④ 支持按楼层、施工段、构件种类、钢筋规格统计钢筋量和接头量，一键汇总钢筋总计划用量；

⑤ 钢筋模型可载入翻样环境继续编辑，精细调节钢筋拉通方式、编辑排布图，输出各种构件的钢筋料单、钢筋料牌、钢筋排布图和定位图，指导现场下料加工。

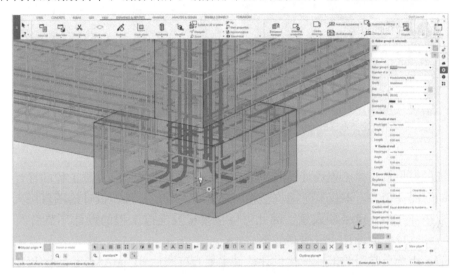

图 3-3　Tekla Structures 软件工作界面

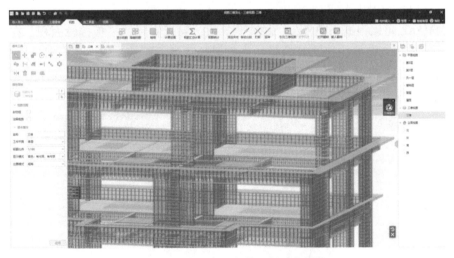

图 3-4　BIMMAKE 钢筋翻样工作界面

3.1.3　BIM 技术在模板工程中的深化设计

模板及支撑工程在现浇钢筋混凝土结构施工工程中是不可或缺的关键环节。模板及支撑工程的费用和工程量在现浇钢筋混凝土工程中占较大比例。传统木模板在使用中存在浪费和损耗量大的问题。木模板通常为现场加工，缺少前期整体配模，现场加工存在巨大浪费；管理人员在现场管控中，若针对木模板的随意切割问题管控不利，则会导致木模板损耗严重，如图 3-5 所示。

(a) 废弃木模板堆积

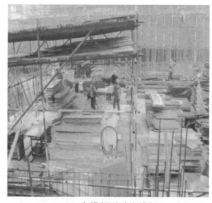

(b) 木模板随意切割

图 3-5　传统木模板使用现状

　　传统的模板及支撑工程设计耗时费力，技术人员会在模板及支撑工程的设计环节花费大量的时间和精力，不仅要考虑安全性，还要考虑其经济性，设计绘图量巨大，但是最后的效果却并不一定尽如人意。因此可以在模板及支撑工程的设计环节引入 BIM 技术来进行计算机辅助设计，以提高效率。

　　目前，市场上常用的模板深化设计软件主要有广联达 BIMMAKE 和品茗 BIM 模板设计软件。下面分别简述这两个软件深化设计的步骤。

　　（1）广联达 BIMMAKE

　　BIMMAKE 可以根据土建模型，快速测算更为贴近实际的模板接触面积，在投标阶段或标后成本策划阶段快速测算模板、木方架料实物工程量。软件会根据模板的材料、规格、数量，参数化生成模板配置方案，可实现一键配模，计算木模板使用总量、部位使用量，快速输出模板加工图等功能。图 3-6 为 BIMMAKE 模板设计的步骤。

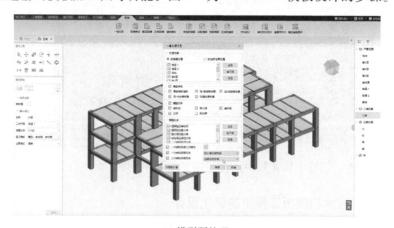

(a) 模型预处理

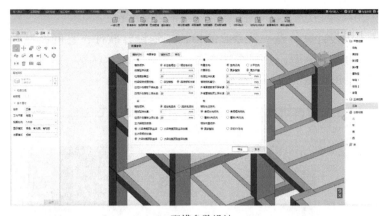

(b) 配模参数设计

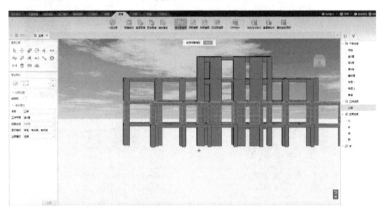

(c) 一键配模

	A	B	C	D	E	F	G	H	I
2				第2层 梁模板下料表					
4		序号	构件	模板编号	模板长度(mm)	模板宽度(mm)	数量	面积(m2)	备注
5		1	L1	L1-C1	500	530	1	0.29	梁侧
6		2	L1	L1-D2	600	530	1	0.32	梁底
7		3	L1	L1-C3	735	515	1	0.38	梁侧
8		4	L1	L1-C4	1830	550	4	4.03	梁侧
9		5	L1	L1-D5	1830	600	4	4.39	梁底
10		6	L1	L1-C6	1830	735	4	5.38	梁底
11		7	L2	L2-D1	461	400	1	0.18	梁侧
12		8	L2	L2-C2	580	570	1	0.33	梁侧
13		9	L2	L2-C3	735	446	1	0.33	梁侧
14		10	L2	L2-C4	1320	550	1	0.73	梁侧
15		11	L2	L2-D5	1830	400	3	2.20	梁底
16		12	L2	L2-C6	1830	550	1	1.01	梁侧
17		13	L2	L2-C7	1830	580	1	1.06	梁侧
18		14	L2	L2-C8	1830	735	3	4.04	梁侧
19		15	L3	L3-C1	915	550	1	0.50	梁侧
20		16	L3	L3-C2	915	580	1	0.53	梁侧
21		17	L3	L3-D3	930	400	1	0.37	梁底
22		18	L3	L3-D4	1830		1	2.93	梁底

模板材料总表 ╲ 墙柱模板下料表 ╲ 梁模板下料表 ╲ 板模板下料表 ╲ 非标板加工明细表

文档名称：模板统计

(d) 出图出量

图 3-6　BIMMAKE 模板设计的步骤

（2）品茗 BIM 模板设计

品茗 BIM 模板设计软件是一款专业的模板工程设计软件，它可以在 CAD 平台上快速生成模板支撑的三维模型，并根据模型自动出图、统计材料、计算配模、生成方案等。图 3-7 为品茗 BIM 模板设计的步骤。

(a) 生成模板总体BIM模型

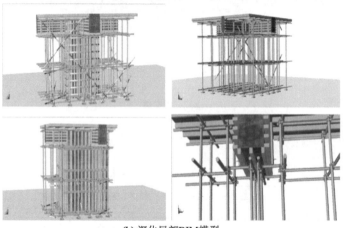

(b) 深化局部BIM模型

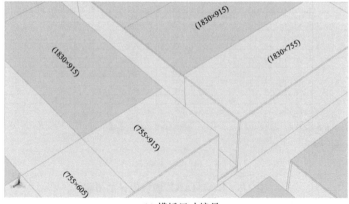

(c) 模板尺寸编号

材料用量统计表(按楼层)

楼层	材料大类	材料规格	构件	单位	用量	分量	总量
1	混凝土	C25	梁	m³	17.67	53.12	53.12
			板	m³	35.45		
	模板	覆面木胶板[18]	梁	m²	152.56	448.01	448.01
			板	m²	295.45		
	方木	60*80	梁侧小梁	m	644.05	1628.45	1628.45
			梁底小梁	m	214.41		
			板小梁	m	769.99		
	钢管	Φ48×3.5	横杆	m	498.48	1665.01	2066.76
			梁侧主梁	m	415.8		
			梁底主梁	m	250.8		
			板主梁	m	499.93		
		水平剪刀撑	水平剪刀撑	m	401.75	401.75	
	工具式立杆	工具式立杆	工具式立杆	m	1663.2	1663.2	1663.2
	工具式横杆	B-SG-900	B-SG-900	根	576	576	576
		B-SG-1200	B-SG-1200	根	1744	1744	1744
	工具式斜杆	B-XG-900×1500	B-XG-900×1500	根	432	432	432
		B-XG-1200×1500	B-XG-1200×1500	根	1308	1308	1308
	对拉螺栓	M14	梁	套	364	364	364
	扣件	双扣件	双扣件	个	200	1634	1634
		旋转扣件	旋转扣件	个	514		
		直角扣件	直角扣件	个	920		
	可调托座	可调托座	可调托座	个	240	240	240
	底座/垫板	可调底座	可调底座	个	308	308	308

另存为EXCEL　　　　　　　　　　　　　　　　　确定　　取消

(d) 导出模板工程量

图 3-7　品茗 BIM 模板设计的步骤

3.1.4　BIM 技术在砌体排布中的深化设计

砌体结构是一种常见的建筑结构形式,它具有施工简单、成本低廉、隔音、隔热等优点。但是,传统的砌体结构设计方法存在如下问题:

① 砌体墙体的排布方案不合理导致砌块的随意切割和浪费(图 3-8),影响施工效率和质量;

② 砌体墙体与其他专业的协调不足,使得砌体与机电设备发生碰撞和冲突,增加了施工难度和风险;

③ 砌体墙体的深化设计缺乏标准和规范,导致施工图纸不清晰、不完整、不准确,给现场施工带来困难,施工存在误差;

④ 砌体墙体的工程量统计不准确,导致材料采购的浪费或不足,影响工期和质量。

(a) 砌块排布不合理　　　　　　　　　　(b) 现场随意切割砌块造成材料浪费

图 3-8　常见的砌体墙体排布不合理现象

CAD 排版图与 BIM 深化设计对比分析如表 3-2 所示。

表 3-2　CAD 排版图与 BIM 深化设计对比分析

序号	对比点	CAD 排版图	砌体工程 BIM 深化设计
1	深化设计	只能一面墙一面墙地进行排版	可以进行整体排版深化设计，同时考虑交叉两面墙的接茬设置，深化设计完毕后，可进行整体砌筑效果的漫游
2	翻样单及工程量	无法统计各种规格砌块的数目及总的工程量，不便于砌体加工车间进行统一加工	排版深化设计完毕后可利用 Revit 的明细表功能导出砌块明细表，即砌块翻样单，既可以统计出各种规格砌块的数目，又可以计算砌块总的工程量，同时便于砌体加工车间进行统一加工
3	表现形式	表现形式单一，只有单一的平面 CAD 排版图	表现形式多样，既可以利用 Navisworks 软件对施工人员进行三维漫游技术交底，又可以通过 Revit 软件导出平面的 CAD 排版图

目前，市场上常用的砌体排布深化设计软件主要有广联达 BIMMAKE 软件和 Autodesk 公司的 Revit 软件。下面以广联达 BIMMAKE 软件为例，按照以下 4 个步骤介绍砌体排布深化设计方法。BIMMAKE 砌体排布云端模型如图 3-9 所示。

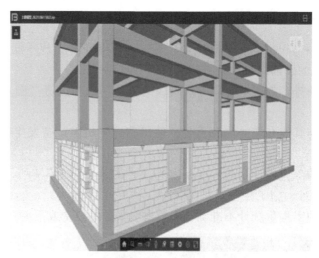

图 3-9　BIMMAKE 砌体排布云端模型

（1）前期准备

前期准备主要包括确定砌体墙体的类型、材料、尺寸等参数，以及导入或创建结构模型。砌体排布参数设置界面如图 3-10 所示。

砌体墙体的类型根据设计要求和施工条件选择，如实心砖墙、空心砖墙、加气混凝土砌块墙等。砌体墙体的材料根据设计要求和施工条件选择，如黏土砖、水泥砖、加气混凝土砌块等。砌体墙体的尺寸根据设计要求和施工条件确定，如厚度、长度、高度等。结构模型根据设计图纸或现场测量导入或创建，包括柱、梁、板、结构墙等。

图 3-10 砌体排布参数设置界面

（2）砌体墙体排布

砌体墙体排布主要包括设置砌块的排布规则、自动排布砌块、自动切割砌块等，砌体墙体排布界面如图 3-11 所示。

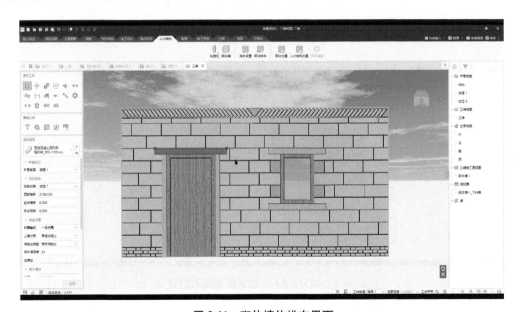

图 3-11 砌体墙体排布界面

根据设计要求和施工规范设置砌块的排布规则，如错缝率、灰缝厚度、垂直缝对齐方式等；利用软件的自动排布功能，根据设置好的排布规则，在结构模型上自动排布砌块，并生成相应的编号和标注；利用软件的自动切割功能，根据结构模型和排布规则，自动切割不符合尺寸要求的砌块，并生成相应的编号和标注。

（3）碰撞检测与优化

碰撞检测与优化主要包括对砌体墙体与其他专业进行碰撞检测、分析碰撞原因、调整碰撞部位等操作。利用 BIMMAKE 软件的碰撞检测功能对砌体墙体与其他专业（如机电设备、给排水管道等）进行碰撞检测，并生成相应的碰撞报告；根据碰撞报告分析碰撞原因，如设计错误、施工误差、模型不准确等，并确定解决方案；根据解决方案调整碰撞部位，如修改设计方案、调整施工方案、修改模型参数等，并重新进行碰撞检测，直到消除所有碰撞。

（4）深化设计成果

深化设计成果主要包括生成砌体墙体的深化设计图纸、工程量清单、施工指导图等成果文件。利用 BIMMAKE 软件的生成图纸功能，根据设置好的图纸格式和内容生成砌体墙体的深化设计图纸，包括平面图、立面图、剖面图、节点图等，并添加相应的标题栏、图例、注释等；利用 BIM 软件的生成清单功能，根据设置好的清单格式和内容生成工程量清单，包括各种类型和尺寸的砌块数量、灰缝面积、抹灰面积等，并添加相应的单位、单价、合计等；利用软件的生成指导图功能，根据设置好的指导图格式和内容生成施工指导图，包括三维效果图、施工顺序图、施工注意事项等，并添加相应的文字说明和标识符号等。BIMMAKE 砌体排布图纸的导出如图 3-12 所示。

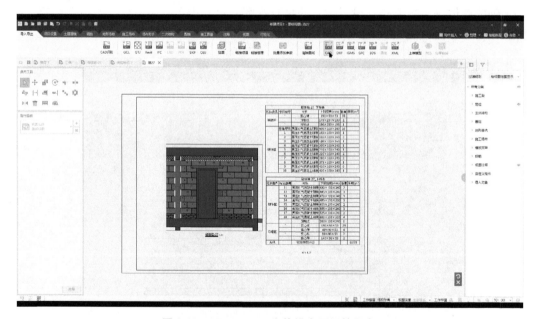

图 3-12　BIMMAKE 砌体排布图纸的导出

3.1.5　BIM 技术在 RC 结构中的深化设计案例

本节以第八届全国高校 BIM 毕业设计创新大赛 A 模块（施工 BIM 建模与应用）特等奖参赛作品为例介绍 BIM 技术在 RC 结构中的应用，BIM 三维模型如图 3-13 所示。

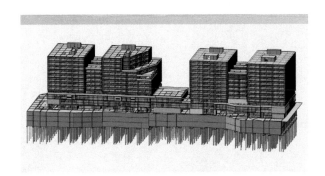

图 3-13　BIM 三维模型

本项目采用常规的 Revit 软件与广联达 BIMMAKE 软件，依据《混凝土结构设计规范》（GB/T 50010—2010）、《建筑抗震设计标准》（GB/T 50011—2010）及《高层建筑混凝土结构技术规程》（JGJ 3—2010）对剪力墙模板及梁柱钢筋节点进行深化。

1. 梁柱钢筋节点深化设计

选取四层办公楼的某处梁柱节点，对钢筋进行深化设计，四层办公楼 BIM 模型如图 3-14 所示。

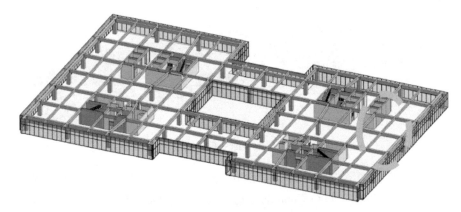

图 3-14　四层办公楼 BIM 模型

梁柱节点钢筋三维模型图与导出的 CAD 深化设计图如图 3-15 所示。

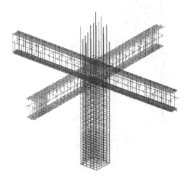

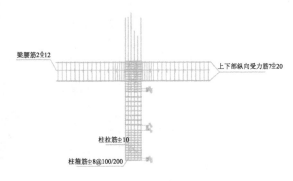

(a) 梁柱钢筋节点三维模型图　　　　　　　　(b) 梁柱钢筋节点立面图

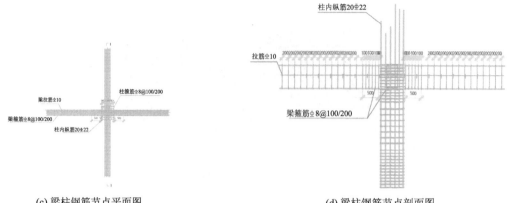

(c) 梁柱钢筋节点平面图　　　　　　　(d) 梁柱钢筋节点剖面图

图 3-15　梁柱节点深化设计图

2. 剪力墙支模深化设计

选取商业二层电梯井部位的剪力墙进行深化设计，商业二层剪力墙支模深化设计 BIM 模型如图 3-16 所示。

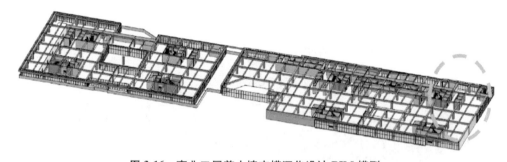

图 3-16　商业二层剪力墙支模深化设计 BIM 模型

局部节点三维模型图与导出的 CAD 深化设计图如图 3-17 所示。其中，模板面板采用尺寸为 1220 mm×2440 mm×15 mm 的普通胶合板；竖向内楞采用间距为 200 mm，尺寸为 50 mm×100 mm 的木方；外龙骨采用间距为 600 mm，尺寸为 48 mm×3.0 mm 的双钢管，且下部双钢管距地面 300 mm，上部双钢管距上层楼板 500 mm。

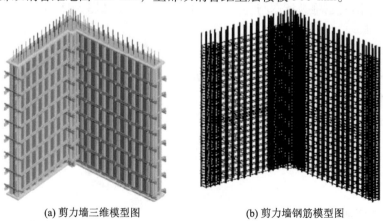

(a) 剪力墙三维模型图　　　　　　　(b) 剪力墙钢筋模型图

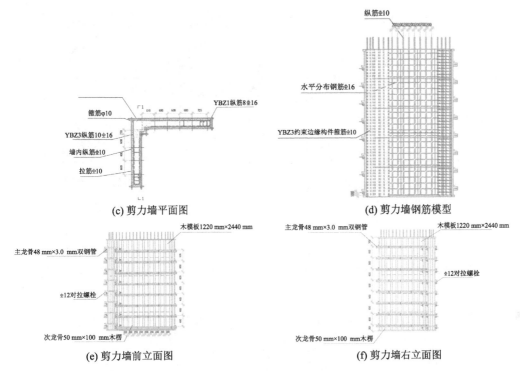

(c) 剪力墙平面图　　　　　　(d) 剪力墙钢筋模型

(e) 剪力墙前立面图　　　　　　(f) 剪力墙右立面图

图 3-17　剪力墙深化设计图

3. 砌体工程的深化设计

砌块墙体砌筑前，根据建筑物平面图、立面图和标准图集的规定采用 BIM 进行排版设计，创建砌块排版模型，并向专业班组进行交底，明确砌块加工尺寸、门窗洞口位置、灰缝宽度，避免材料的浪费及不必要的返工。对每面墙建立 BIM 模型，预先进行排版。对每面墙完成排版后，利用 Revit 导出明细表（图 3-18），统计出各种规格砌块的数目，并且对砌块总数进行统计。

同时，砌体深化设计明确了二次结构如圈梁、过梁、构造柱、门垛等的位置尺寸，就可以把砌体的二次结构直接当成主体结构去设计配模，一起浇筑，一次成型。这样不仅方便，而且二次结构质量好，又可以减少零星支模和混凝土浇筑费用，省时省工。

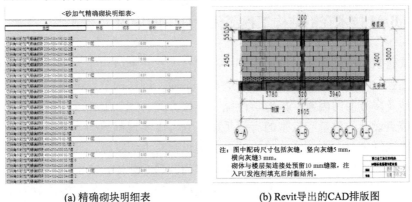

(a) 精确砌块明细表　　　　　　(b) Revit 导出的 CAD 排版图

图 3-18　砌体工程 BIM 深化设计

在进行砌块施工前，项目技术人员需要对工人进行详细的施工交底，让他们了解施工的要求和注意事项。为了提高交底的效果和效率，可以利用 CAD 图纸或者 Navisworks 软件来进行交底。CAD 图纸可以清晰地展示砌块的尺寸、位置和形状，Navisworks 软件可以模拟砌块的施工过程和效果，让工人通过漫游的方式直观地感受施工的场景和步骤

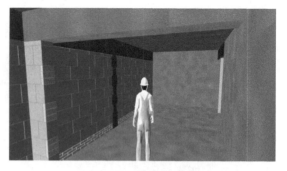

图 3-19　漫游施工交底

（图 3-19）。工人根据这些施工指导文件进行施工，可以提高施工的准确性和施工质量，减少出现错误和避免浪费。

运用 BIM 技术对砌体工程进行深化设计，可以对每面墙的砌块进行精确的排版设计（图 3-20），确定砌块的数量、规格和位置，从而减少现场切割和测量，提高施工的精度和速度。

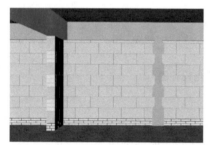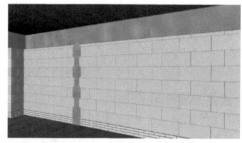

图 3-20　砌体墙深化设计模型

同时，RC 结构深化设计总结形成了一套基于 BIM 的砌体工程标准化施工技术，包括砌块的选型、运输、堆放、搬运、砌筑、验收等环节，规范了施工流程和施工方法，不仅可以提高工作效率，缩短工期，而且有利于现场的文明施工，减少粉尘的量，降低施工噪声，保护环境和人员的安全。

3.2　BIM 技术在钢结构工程深化设计中的应用

装配式建筑是一种高效、节能、环保的建筑模式，钢结构作为其重要组成部分，具有轻质、高强、抗震等优点，深受市场欢迎。然而，钢结构节点设计是一个复杂而关键的环节，涉及多方面的因素，如力学性能、连接方式、施工工艺等。BIM 技术是一种提高钢结构节点设计的质量和效率的有效手段，它可以实现钢结构节点的三维建模、参数化分析、协同管理等，为钢结构建筑的发展提供强有力的支撑。此外，BIM 技术还可以在钢结构工程的实施过程中发挥重要作用，作为数据的载体，确保数据资料贯穿实施过程的始终，从而实现钢结构工程的流水线化生产，提高工程质量和施工效率。

3.2.1　基于 BIM 技术的钢结构工程深化设计流程

钢结构深化设计中的节点设计、预留孔洞、预埋件设计、专业协调等可应用 BIM 技术进行设计。在钢结构深化设计 BIM 应用中，可依据施工图设计模型、施工图纸、相关设计文件、施工工艺文件创建钢结构深化设计模型，输出平立面布置图、节点深化设计图、工程量清单等。钢结构工程深化设计 BIM 应用典型流程如图 3-21 所示。

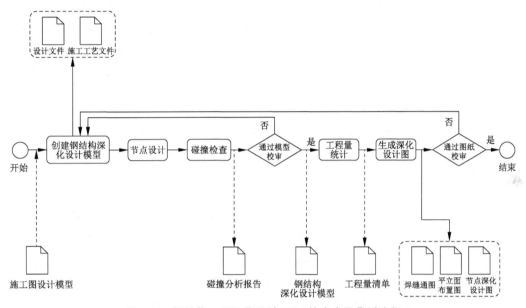

图 3-21　钢结构工程深化设计 BIM 技术应用典型流程

钢结构节点设计 BIM 应用应完成结构施工图中所有钢结构节点的深化设计图、焊缝和螺栓等连接验算，以及与其他专业协调等内容。钢结构深化设计模型除应包括施工图设计模型元素外，还应包括节点、预埋件和预留孔洞等模型元素，其内容见表 3-3。

表 3-3　钢结构深化设计模型元素及信息

模型元素类别	模型元素及信息
上游模型	钢结构施工图设计模型元素及信息
节点	几何信息包括： ① 钢结构连接节点位置，连接板及加劲板的位置和尺寸； ② 现场分段连接节点位置，连接板及加劲板的位置和尺寸； ③ 螺旋和焊缝位置
	非几何信息包括： ① 钢结构及零件的材料属性； ② 钢结构表面处理方法； ③ 钢结构的编号信息； ④ 螺栓规格
预埋件及预留孔洞	几何信息包括位置和尺寸

钢结构深化设计 BIM 应用交付成果应包括钢结构深化设计模型、平立面布置图、节点深化设计图、计算书及专业协调分析报告等。钢结构深化设计 BIM 软件应具有下列专业功能：钢结构节点设计计算、钢结构零部件设计、预留孔洞、预埋件设计、生成深化设计图。

钢结构深化设计 BIM 应用的步骤如下：

（1）熟悉设计图纸及设计交底工作

建模设计人员在接受建模任务时，需保证以下设计资料齐全：原设计图纸或其他与原设计图纸性质等同的文件、建筑设计图纸、项目负责人的项目交底文件、编号系统文件、工期进度表，以及文件控制规定。建模设计人员要熟悉结构和建筑图纸，掌握设计图纸的内容，对于设计图纸的疑问、图纸上的矛盾之处，应在设计交底会议上及时与设计人员沟通，或通过邮件及时与设计单位联系以进行修正。

（2）使用 BIM 软件建模

建模设计人员应按工期计划，合理划分建模区域，安排建模进度。开始建模时，要输入工程的相关信息，如工程名称、地点、单位等，并将各类型构件设置成不同状态、颜色等级，方便构件过滤和检查。同时，要仔细审阅设计图纸，按图纸要求使用 Tekla Structures 在模型中建立统一的轴网，所有结构布置图、构件图、节点详图都要在统一的轴网中进行建模。然后根据构件规格在软件中建立规格库，并定义构件前缀号，以便软件在对构件进行自动编号时能合理地区分各种构件，方便工厂加工和现场安装，更省时省工。使用 Tekla Structures 和 Solidworks 两款软件进行三维建模，结合力学性能、连接方式、施工工艺等因素，对构件进行分段、装配、校核、修正。在建模过程中的每个阶段后期都要进行碰撞检查校核并生成材料表，比对材质规格等信息是否正确。最后再次检查模型的分区编号，每种构件的编号都要设定有序，并注意预留一些编号，以备后续添加同种的新构件。

（3）模型审核

模型审核是控制钢结构深化设计质量的有效措施，包括自审和专审。先由建模设计人员进行自审，然后由审核工程师进行专审。当模型建完时，需要保证原设计图的所有信息无遗漏。自审模型可以通过材料清单检查材质等级及构件编号，通过螺栓清单复核螺栓等级及长度等。专审模型需对模型的构件定位及编号、截面形式、节点等进行全面系统的审核。最后由审核工程师根据审核情况提出书面审核修改意见，建模设计人员针对审核工程师提出的问题逐一修改，从而完善模型。

（4）出图

在确保模型完整、正确的基础上，设置好图框及材料表样式，准备出图。首先，绘制安装布置图，一般包括基础螺栓布置图、平面布置图、立面图、剖面图。绘制安装布置图就是再一次对原设计图中的构件定位等进行核对，是确保图纸准确的有效措施之一。其次，绘制构件图，展现各零件之间的位置关系及连接方式。最后，绘制零件图，体现零件的具体形状、尺寸大小等信息。当所有图纸完成后，提供构件表和目录等清单。

3.2.2　BIM 技术在钢结构工程深化设计中的应用实例

1. 工程概况

本部分以南京江北新区市民中心（图 3-22）为例说明 BIM 技术在钢结构工程深化设计中的应用。

图 3-22　南京江北新区市民中心

2. 钢结构图纸深化

该项目的钢结构施工是一项极具挑战的工作，因为钢结构的体量非常庞大，涉及多种形式和规格的构件，以及复杂的连接节点。为了保证钢结构的精度和质量，该项目采用 Tekla 软件进行钢结构施工深化设计。Tekla 软件是一款专业的钢结构建模和设计软件，能够生成高质量的三维模型和施工图纸，以及提供材料清单、加工信息、安装指导等数据。该项目通过 Tekla 软件对每一个钢结构构件进行了详细的建模和出图。同时，该项目还对一些复杂的节点进行了优化设计，减少了钢材用量，降低了加工难度，提高了施工效率和安全性。通过钢结构施工深化设计，该项目实现了钢结构的高精度、高质量和高效率的施工。钢结构细部节点及其深化如图 3-23 所示。

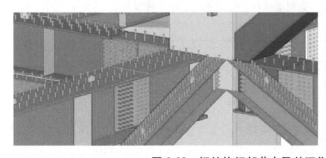

图 3-23　钢结构细部节点及其深化

3. 构件安装三维深化

该项目在钢结构施工过程中，充分利用了 BIM 技术的优势，对一些关键的细部做法进行了三维建模和计算分析，以保证施工的精确性和安全性。该项目建立了一个与实际施工一致的 BIM 1∶1 计算分析模型，对筏板、地脚螺栓（图 3-24）、高强螺栓

（图 3-25a）、屈曲支撑（图 3-25b）等细部进行了三维建模深化，并通过 BIM 软件进行了力学分析和碰撞检查，及时发现并解决了项目中存在的问题。

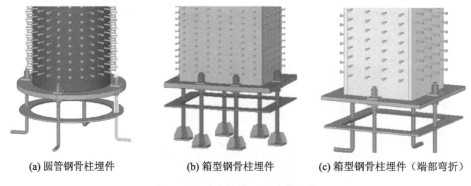

(a) 圆管钢骨柱埋件   (b) 箱型钢骨柱埋件   (c) 箱型钢骨柱埋件（端部弯折）

图 3-24　地脚螺栓三维建模深化

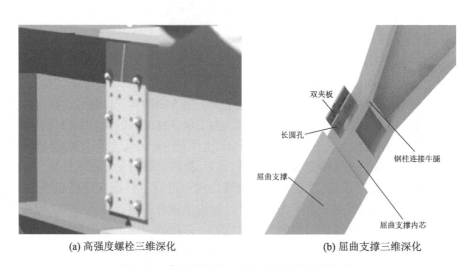

(a) 高强度螺栓三维深化   (b) 屈曲支撑三维深化

图 3-25　高强度螺栓、屈曲支撑三维建模深化

该项目还通过三维交底的方式将 BIM 模型和施工图纸同步展示给施工人员，让他们能够理解和掌握施工要求与注意事项，避免因理解错误而导致施工问题。该项目通过 BIM 技术辅助施工，提高了钢结构施工的质量和效率，缩短了施工周期，降低了施工成本。

该项目的钢结构桁架是由 55 根吊挂柱和 4 组巨柱核心筒悬挑支撑的，其安装过程非常复杂，需要进行精确的计算和模拟。为了保证构件安装的顺利进行，该项目在设计前期通过 BIM 技术进行了构件安装三维深化设计，利用 BIM 软件对格构柱的分段深化及吊装方案进行了计算分析，确定了最优的分段长度、连接方式、吊装顺序和位置，避免了现场切割和焊接，降低了施工难度和风险。该项目还利用 BIM 软件对钢结构吊挂柱的模拟连接节点和工况布置进行了三维建模和模拟，确保了吊挂柱与桁架的精确对接，实现了高强度、高稳定性、高美观性的连接效果。

4. 钢结构整体校核

钢结构整体校核是为了保证钢结构的安全性能和延长其使用寿命，需要对其进行全面的计算分析和施工模拟。为此，该项目以 1∶1 的比例建立了钢结构的计算分析模型，利用专业的结构分析软件 SAP2000 对钢结构的关键控制点进行了竖向变形的分析，考虑了各种荷载和约束条件，如图 3-26 所示。同时，本项目还对钢结构的提升吊装过程进行了施工模拟校核，检验了钢结构在吊装过程中的应力比和变形数值，确保了吊装的安全性和可行性。通过这样的整体校核，为钢结构的施工提供了可靠的理论指导和技术支持。

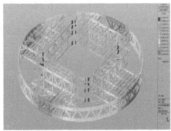
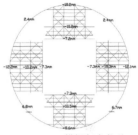

(a) 应力云图(应力比0.32)　　(b) 变形云图(最大下挠34 mm)　　(c) SAP2000模拟竖向位移

图 3-26　钢结构整体校核

5. 钢结构提升方案深化

为了保证钢结构的提升效率和精度，需要对其进行详细的计算分析和模拟。为此，该项目运用 ABAQUS 计算分析软件对钢结构的提升吊点荷载进行了总体分析（图 3-27），综合考虑了钢结构的重量、形状、刚度、平衡等因素，确定了最佳的提升吊点位置。

同时，该项目还对整体提升过程进行了模拟，深化了对吊点的安装方式和自锁装置的设计，以防止钢结构在提升过程中发生滑移或脱落，如图 3-28 所示。

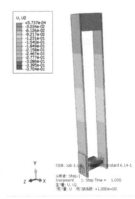

图 3-27　自锁装置分析深化（ABAQUS）

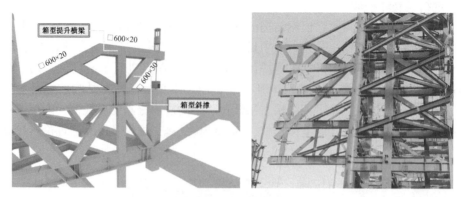

图 3-28　桁架提升吊点安装

　　此外，设计师还对主桁架和悬挑桁架进行了加固设计，增强了钢结构的稳定性和抗变形能力，如图 3-29 所示。这种提升方案深化为钢结构的提升施工提供了精准的技术指导和保障，确保提升过程万无一失。

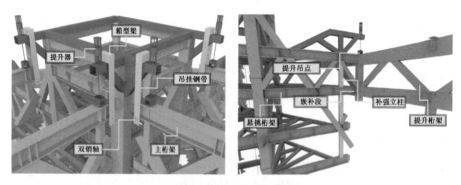

图 3-29　桁架加固措施

6. 钢结构整体提升方案深化

　　钢结构整体提升方案深化是为了保证钢结构的提升质量和安全性，需要对其进行全面的分析和模拟。为此，可以通过 BIM 模型总体分析，综合考虑原有设计的受力形式和现场的施工条件，确定钢结构整体提升吊装方案。该项目的钢结构整体提升构件划分如图 3-30 所示。

　　首先，安装格构柱，作为钢结构的支撑和连接；其次，提升桁架层，将桁架层吊装到指定的高度和位置；其次，嵌补桁架层，将桁架层与格构柱进行连接和固定；再次，安装吊挂柱，作为钢结构的悬挑部分的支撑；最后，安装吊挂梁，将吊挂梁与吊挂柱进行连接和固定（图 3-31）。按照方案策划模拟提升全过程，检验提升方案的可行性和合理性。整体提升方案深化可为钢结构的提升施工提供科学的技术方案和方法。整体提升现场实际施工过程如图 3-32 所示。

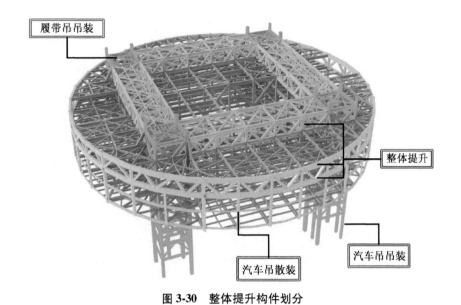

图 3-30　整体提升构件划分

图 3-31　整体提升施工三维节点

图 3-32   整体提升现场实际施工过程

3.3   BIM 技术在机电管线工程深化设计中的应用

在机电管线工程中，BIM 技术可以应用于深化设计，即对管线的位置、高度、材料、配件等细节进行精细化建模（图 3-33），以满足施工的需要。进行深化设计时，BIM 技术可以将各专业模型整合为一个综合模型，进行管线综合优化和碰撞检查，根据建筑专业要求及净高要求对管线进行调整和避让，以保证管线的紧凑性、美观性和安全性。设计人员通过 BIM 技术，可以在建模过程中及时发现和解决设计图纸中存在的问题，如管线的碰撞、缺失、重复等，从而避免施工中因这些问题而导致出现拆除返工现象。拆除返工不仅会浪费大量的材料和人力资源，还会延误工期和增加成本。因此，BIM 技术可以有效地节约材料和成本，缩短工期，提高施工效率和质量。

图 3-33   机电管线模型

3.3.1　基于 BIM 技术的机电管线深化设计流程

机电深化设计中的设备选型、设备布置及管理、专业协调、管线综合、净空控制、参数复核、支吊架设计及荷载验算、机电末端和预留预埋定位等宜应用 BIM 进行设计。在机电深化设计 BIM 应用中，可基于施工图设计模型或建筑、结构、机电和装饰设计文件创建机电深化设计模型，完成相关专业管线综合设计，校核系统合理性，输出机电管线综合图、机电专业施工深化设计图、相关专业配合（土建）条件图和工程量清单等。机电深化设计 BIM 应用典型流程如图 3-34 所示。

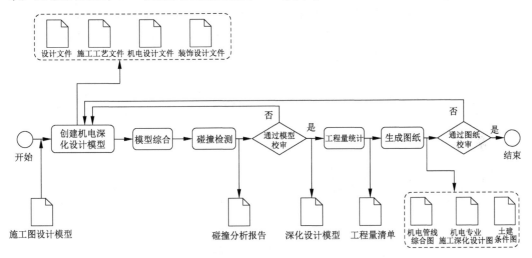

图 3-34　机电深化设计 BIM 技术应用典型流程

机电深化设计过程中，应在模型中补充或完善设计阶段未确定的设备、附件、末端等模型元素。管线综合布置完成后应复核系统参数，包括水泵扬程及流量、风机风压及风量、冷热负荷、电气负荷、灯光照度、管线截面尺寸、支架受力等。机电深化设计模型元素宜在施工图设计模型元素的基础上，确定具体尺寸、标高、定位和形状，并补充必要的专业信息和产品信息，其内容见表 3-4。

表 3-4　机电深化设计模型元素及信息

专业	模型元素	模型元素信息
给水排水	给水排水及消防管道、管件、阀门、仪表、管道末端（喷淋头等）、卫浴器具、消防器具、机械设备（水箱、水泵、换热器等）、管道设备支吊架等	几何信息包括： ① 尺寸大小等形状信息； ② 平面位置、标高等定位信息。 非几何信息包括： ① 规格型号、材料和材质信息、技术参数等产品信息； ② 系统类型、连接方式、安装部位、安装要求、施工工艺等安装信息
暖通空调	风管、风管附件、风道末端、管道、管件、阀门、仪表、机械设备（制冷机、锅炉风机等）、管道设备支吊架等	
电气	桥架、桥架配件、母线、机柜、照明设备、开关插座、智能化系统末端装置、机械设备（变压器、配电箱开关柜柴油发电机等）、桥架设备支吊架等	

机电深化设计模型应包括给水排水、暖通空调、建筑电气等各系统的模型元素，以及支吊架、减振设施、管道套管等用于支撑和保护的相关模型元素。机电深化设计模型可按专业、子系统、楼层、功能区域等进行组织。机电深化设计 BIM 应用交付成果应包括机电深化设计模型、机电深化设计图、碰撞检查分析报告、工程量清单等。机电深化设计 BIM 软件应具有下列专业功能：管线综合、参数复核计算、吊架选型及布置、与厂家产品对应的模型元素库。根据主体设计文件、施工工艺文件、机电设计文件、装饰设计文件等创建机电深化设计模型。

（1）碰撞检测

BIM 技术在碰撞检测中起重要作用。利用 BIM 技术建立可视化的三维模型，即可在碰撞发生处实时变换角度进行全方位、多角度的观察，便于讨论、修改，这可极大地提高工作效率。碰撞检测调整前后对比如图 3-35 所示。

 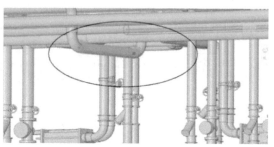

(a) 碰撞检测调整前　　　　　　　(b) 碰撞检测调整后

图 3-35　碰撞检测调整前后对比

将模型导入 Navisworks 软件中，运行碰撞检测，生成碰撞报告（图 3-36）。

图 3-36　碰撞报告生成

（2）管线综合

根据设计说明、产品样册上的管线尺寸数据预先设置项目模型中的各专业管线系统，将加工要求设置到族文件中，结合净高要求、支架方案、管线安装要求及规范进行合理布置（图 3-37）。

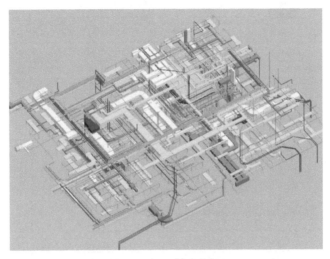

图 3-37　机电各管线综合

（3）净空设计

根据业主的净高要求进行合理排布，对未达标区域进行优化，并制作问题报告（图 3-38）。

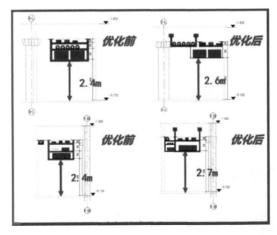

图 3-38　净空设计

（4）支吊架设计

首先确定支吊架的安装位置，以及单支架或组合支架的设计方案，然后应用MagiCAD 插件进行荷载校核完成支吊架设计，如图 3-39 所示。

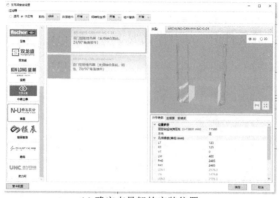

(a) 确定支吊架的安装位置

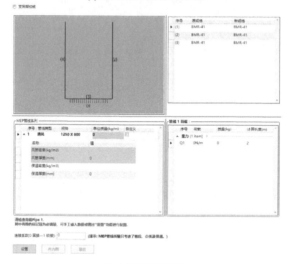

(b) 支吊架荷载校核

图 3-39 支吊架设计

（5）机电末端和预留预埋定位

孔洞核查必须严谨，通过现场与模型的实际比对，确保孔洞尺寸与位置满足管线排布需要（图 3-40）。

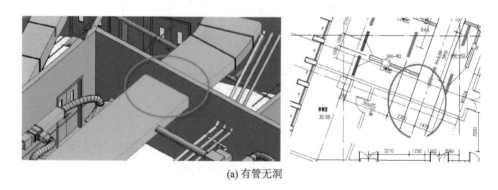

(a) 有管无洞

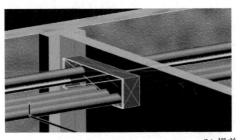 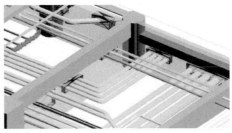

(b) 提前预留孔洞

图 3-40　预留孔洞定位

（6）输出图纸

输出暖通空调图、消防给排水深化设计图、相关专业配合条件图等。

（7）输出工程量

应用 BIM 平台软件输出按流水段、构件类型、时间划分的工程量清单。

3.3.2　BIM 技术在机电管线深化设计中的应用实例

下面以南京江北新区市民中心为例介绍 BIM 技术在机电管线深化设计中的应用步骤。

（1）建立机电深化设计 BIM 模型

该项目通过运用机电三维深化设计技术，为现场施工提供准确的加工数据和图纸，从而保证施工质量与效率，避免出现设计与施工不一致的问题，有利于后期对材料成本的精确计算和控制。机电三维深化设计不仅可以提高工程的整体水平，还可以节约资源和时间，实现工程的优化管理。机电管线整体模型如图 3-41 所示。

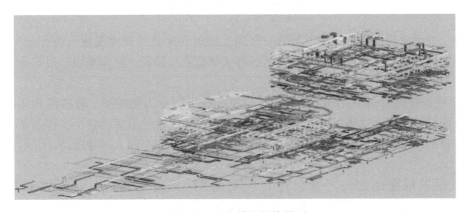

图 3-41　机电管线整体模型

（2）碰撞检测

为了提高施工质量和效率，本案例采用 BIM 技术进行施工管理和协调。施工前，BIM 小组根据图纸和现场情况建立建筑、结构、给排水、电气、消防等专业的三维模型，并进行模型集成和碰撞检测（图 3-42）。通过 BIM 技术的可视化分析，发现图纸中存在的错误、遗漏与冲突，并及时制作问题报告，反馈给业主和设计院，保证问题得到快速有效的解决。其中，向设计院提交的建筑结构问题共计 122 项。在施工过程中，BIM 小组根据现场变更和进度，不断更新和优化模型，为施工提供了准确的信息支持。通过 BIM 技术的应用，该项目实现了施工的高效化、精细化和智能化。

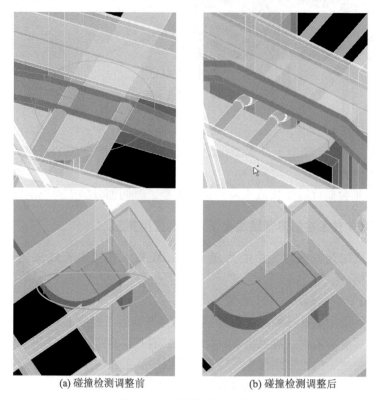

(a) 碰撞检测调整前　　　　　　　　　　(b) 碰撞检测调整后

图 3-42　机电管线碰撞检测

为了便于对碰撞报告问题进行统一管理，利用 BIM 技术对碰撞报告类型进行细分，根据问题重要程度及时反馈，并对问题的解决状态进行跟踪。具体来说，可以分为三个步骤：

① 根据碰撞检测的目的和方法，可以将碰撞报告分为硬碰撞、软碰撞和间隙碰撞三种。硬碰撞指两个实体对象在空间上存在交集的情况；软碰撞指两个实体对象在空间上存在重叠但不相交的情况；间隙碰撞指两个实体对象在空间上存在距离小于设定值的情况。

② 根据碰撞问题的严重程度和影响范围，及时向相关人员反馈问题报告（图 3-43），并提出改进建议或解决方案。可以按照高、中、低三个等级对碰撞问题进行评估和分类。高等级的问题需要优先处理；中等级的问题需要在规定时间内处理；低等级的问题可以根据实际情况处理。

③ 根据碰撞问题的处理进度和结果，对碰撞报告进行状态跟踪，并定期更新报告内容，也可以使用新建、活动的、已审阅、已核准、已解决 5 个状态标签来标记每个碰撞问题的当前状态。新建状态表示刚发现的问题；活动的状态表示正在处理的问题；已

审阅状态表示已经评估和分析的问题；已核准状态表示已经得到相关人员同意的问题；
已解决状态表示已经完全消除或避免的问题。

以上三个步骤能够提高碰撞报告的管理效率和质量，为项目的顺利进行提供保障。

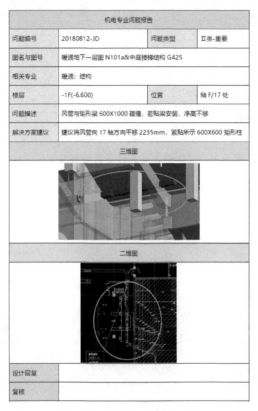

机电专业问题报告			
问题编号	20180812-JD	问题类型	Ⅱ类-重要
图名与图号	暖通地下一层图 N101a&中庭楼梯结构 G425		
相关专业	暖通；结构		
楼层	-1F(-6.600)	位置	轴 F/17 处
问题描述	风管与矩形梁 600X1000 碰撞，若贴梁安装，净高不够		
解决方案建议	建议将风管向 17 轴方向平移 2235mm，紧贴所示 600X600 矩形柱		
三维图			
二维图			
设计回复			
复核			

图 3-43　机电专业问题报告

（3）机电管线优化排布及洞口预留

根据设计规范、净高要求等，提前对机电方案的管道进行合理空间布局优化，解决
层高过高、机电管线排布难的问题，最后标注、定位预留洞口，出管线施工深化指导
图。确保各管线定位数据直观准确，避免二次开孔开槽，直接指导现场施工，均衡管线
排布压力，优化建筑空间，完成更高质量、更准确的综合排布，保障施工进度和质量。
具体来说，步骤如下：

① 根据建筑、结构、机电等专业的模型和图纸，对各专业的管线进行综合考虑和
排布。管线排布时应当遵循一些基本原则和要求，如小管避让大管，有压管避让无压
管，水管避让风管，电气桥架与输送液体的管线分开布置或将电气桥梁布置在输送液体
管线的上方等。排布时需要考虑各专业的工艺布置要求和安装美观性，尽量减少弯头、
支吊架和交叉点等。

② 根据净高要求和碰撞报告，对复杂部分的管线进行局部优化，如空调机房、排
烟机房、消防水泵房等重要设备机房，以及综合管线交叉处、走廊等。可以利用 Navis-
works 软件进行碰撞检测和模拟分析，发现并解决各专业之间的配合问题和冲突问题。

设计过程中应当尽量减小管线所占空间，提高天花的吊顶高度，使管线安装更加紧凑和美观。优化排布净高过高区域复杂管线设计如图 3-44 所示。

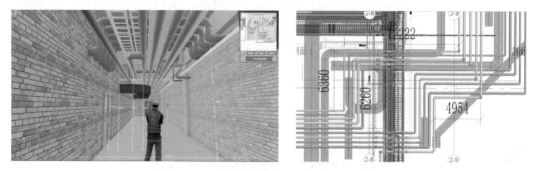

图 3-44 优化排布净高过高区域复杂管线设计

③ 根据优化后的综合模型和图纸，对预留洞口和出口位置进行标注及定位（图 3-45），并出具预留预埋图、设备布置图、机房三维视图等机房深化图纸和模型，确保各管线定位数据直观准确，并与结构预留孔洞相匹配。预留洞口施工指导图如图 3-46 所示。

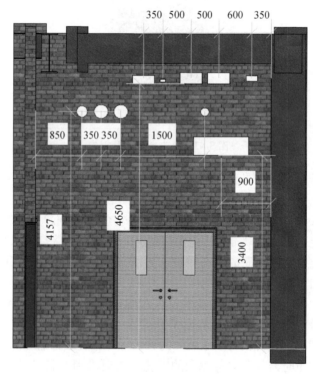

图 3-45 预留洞口三维示意图

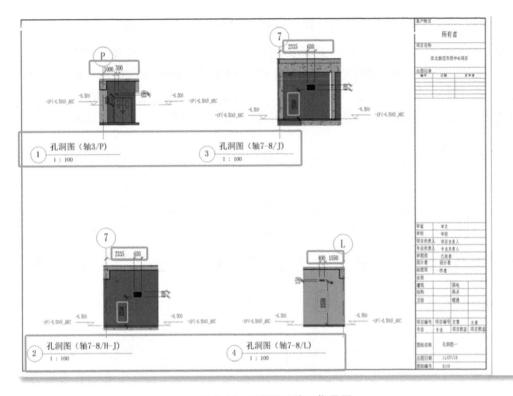

图 3-46　预留洞口施工指导图

通过以上步骤，不仅能够实现机电方案的管道合理空间布局优化，解决层高过高、机电管线排布难的问题，还能够优化建筑空间，实现更高质量、更准确的综合排布，保障施工进度和质量。

3.4　BIM 技术在装配式建筑工程深化设计中的应用

随着建筑业的不断发展，建筑工业化与智能化已逐渐成为行业发展的必然趋势。工业化建筑中采用大量的预制混凝土构件，这些预制构件采用工业化的生产方式，在工厂生产、运输到现场进行安装，促进了建筑生产现代化，提升了建筑的生产手段，提高了建筑的品质，降低了建筑的建造成本，节约了能源并减少了污染物的排放。

工业化建筑中应用了大量的诸如预制混凝土墙板、预制混凝土楼板、预制混凝土楼梯等预制混凝土构件，这些预制构件的标准化、高效和精确生产是工业化建筑质量和品质的重要保障。从大量预制混凝土构件的生产经验来看，现有采用平面设计的预制构件深化设计和加工图纸的可视化程度低，加工中经常因图纸问题而出现偏差。随着建筑业信息技术的发展，BIM 技术能够在建筑全生命周期中利用协调一致的信息，将其用于产业化住宅预制混凝土构件的深化设计、生产加工等过程，能够提高预制构件设计、加工的效率和准确性，同时可以及时发现设计、加工中的问题，便于在实际生产中加以改进。

本节主要介绍 BIM 技术在装配式混凝土结构预制构件深化设计中的一些应用。

3.4.1 基于 BIM 技术的预制构件深化设计流程

装配式混凝土结构深化设计中的预制构件平面布置、拆分、设计及节点设计等宜应用 BIM 技术。在预制装配式混凝土结构深化设计 BIM 技术应用中，可基于施工图设计模型或施工图，以及预制方案、施工工艺方案等工程文件创建深化设计模型，输出平立面布置图、构件深化设计图、节点深化设计图、工程量清单等，流程如图 3-47 所示。

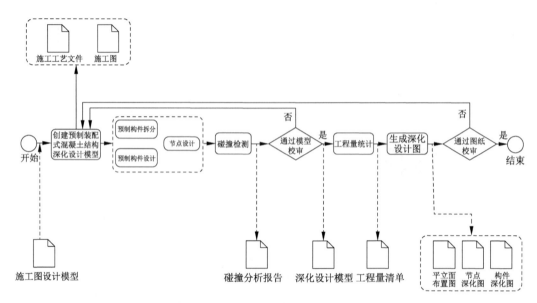

图 3-47　预制装配式混凝土结构深化设计 BIM 技术应用典型流程

预制构件拆分时，应依据施工吊装工况、吊装设备、运输设备、道路条件、预制厂家生产条件及标准模数等因素确定其位置和尺寸等信息；应用深化设计模型进行安装节点、专业管线与预留预埋、施工工艺等的碰撞检测以及安装可行性验证。装配式混凝土结构深化设计模型除施工图设计模型元素外，还应包括预埋件和预留孔洞、节点连接和临时安装设施等类型的模型元素，其内容如表 3-5 所示。

表 3-5　装配式混凝土结构深化设计模型元素及信息

模型元素类型	模型元素及信息
上游模型	施工图设计模型元素及信息
预埋件和预留孔洞	模型元素为预埋件、预埋管、预埋螺栓及预留孔洞；几何信息包括位置和几何尺寸，非几何信息应包括类型、材料等
节点连接	模型元素为节点连接的材料、连接方式、施工工艺等；几何信息包括位置、几何尺寸及排布，非几何信息包括节点编号、节点区材料信息、钢筋信息（等级规格等）、型钢信息、节点区预理信息等
临时安装设施	模型元素为预制混凝土构件安装设备及相关辅助设施；非几何信息包括设备设施的性能参数等信息

装配式混凝土结构深化设计 BIM 应用交付成果应包括深化设计模型、碰撞检查分析报告、设计说明、平立面布置图，以及节点、预制构件深化设计图和计算书、工程量清单等。装配式建筑预制构件深化设计图如图 3-48 所示。

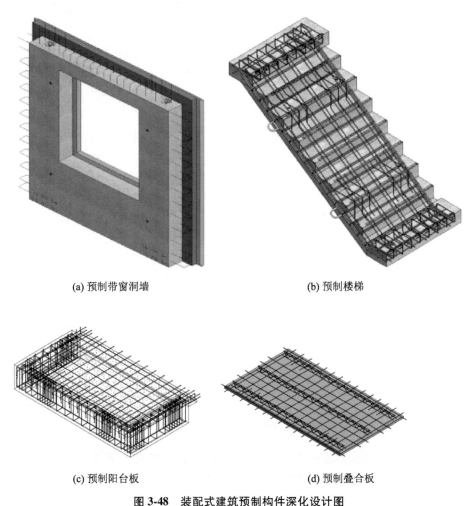

(a) 预制带窗洞墙　　　　　　　　　　　　　(b) 预制楼梯

(c) 预制阳台板　　　　　　　　　　　　　(d) 预制叠合板

图 3-48　装配式建筑预制构件深化设计图

装配式混凝土结构深化设计 BIM 软件应具有下列专业功能：预制构件拆分、预制构件设计计算、节点设计计算、预留孔洞、预埋件设计、模型的碰撞检查、深化设计图生成。装配式结构节点设计如图 3-49 所示。

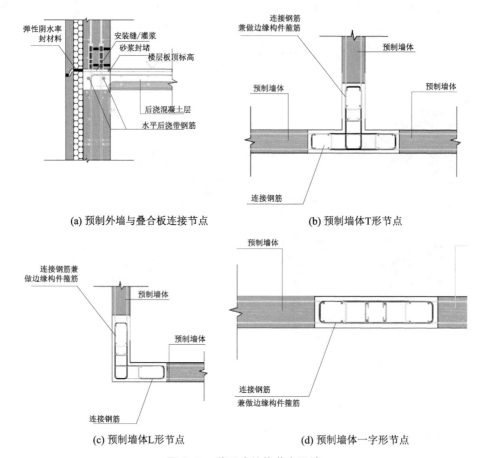

(a) 预制外墙与叠合板连接节点　　　　(b) 预制墙体T形节点

(c) 预制墙体L形节点　　　　　　　(d) 预制墙体一字形节点

图 3-49　装配式结构节点设计

3.4.2　BIM 技术在预制构件深化设计中的应用实例

本小节以第九届全国高校 BIM 毕业设计创新大赛 F 模块特等奖参赛作品为例介绍 BIM 技术在预制构件深化设计中的应用，其整体模型如图 3-50 所示。

1. 装配整体式剪力墙结构概述

装配整体式剪力墙结构是装配式混凝土结构的一种类型，其定义是主要受力构件剪力墙、梁、板部分或全部由预制混凝土构件（预制墙板、叠合梁、叠合板）组成的装配式混凝土结构。

预制混凝土剪力墙在水平方向上与相邻的竖向现浇段通过等强连接形成剪力墙墙段，竖向通过套筒灌浆连接、水平现浇带和圈梁将相邻楼层的预制墙板连接为整体。预制混凝土剪力墙是结构的竖向承重和水平抗侧力构件，通过楼板、连梁等水平构件形成整体结构体系。

2. 预制构件深化设计

预制构件设计应当满足以下要求：

① 构件规格：考虑生产、堆放、运输等对构件规格的限制，构件高度一般不超过 4 m，宽度在 6 m 左右。

② 构件质量：考虑构件运输、现场吊装等条件的限制，墙体构件质量一般在 5~8 t 范围内比较适宜。

③构件外观：线条要简洁、规整以降低生产过程中的脱模难度，减少缺棱掉角现象；凹角以利于模具设计；预留洞口、接茬部位、滴水线等部位以做脱模坡度。

④ 构件外露钢筋：一般要求均匀、统一布置，减少钢筋间距、型号的变化，避免密集排布，以便构件生产及现场安装。

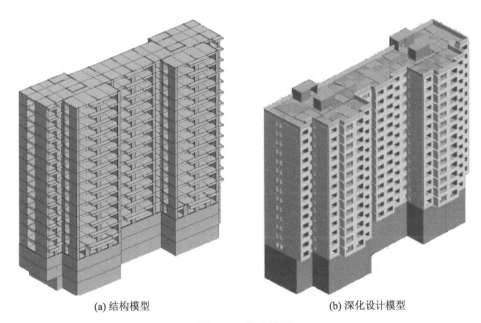

(a) 结构模型　　　　　　　　　　　　　　　(b) 深化设计模型

图 3-50　整体模型

（1）基于 GSCAD 软件的深化设计

本案例使用的深化设计软件为广厦结构 BIM 正向设计系统（GSCAD）。该系统可让工程师直接使用 BIM 模型计算、出图和预算。在 GSCAD 建立的结构模型中，每个结构构件都保留有结构属性，可直接进行结构计算，解决结构专业在 Revit 中结构信息缺失的问题，并在 Revit 平台上自动生成符合国内设计要求的施工图。

在案例中，基于 GSCAD 的计算结果以 Revit 为依托对模型进行了拆分设计，对构件进行了深化设计，利用 Navisworks 对构件内部的钢筋和预埋件设计进行碰撞检查，最后利用 CAD 对最终的设计图纸进行美化修改。预制构件深化流程如图 3-51 所示。

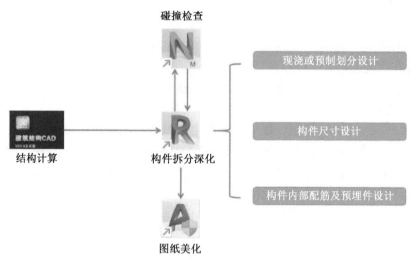

碰撞检查

现浇或预制划分设计

结构计算　　构件拆分深化

构件尺寸设计

构件内部配筋及预埋件设计

图纸美化

图 3-51　预制构件深化流程

（2）预制外墙设计

本案例采用预制混凝土夹心保温外墙板（建筑装饰、保温、结构一体化的复合墙板）作为外墙，如图 3-52a 所示，这一构件设计在装配整体式剪力墙结构中应用最为广泛。

预制混凝土夹心保温外墙板的具体设计如下：

① 内叶墙板为结构层，厚度为 200 mm，内部配置钢筋以满足预制外墙的受力要求。

② 保温层根据不同地区取值不同，本案例根据《住宅设计规范》（GB 50096—2011）的要求，采用 B1 级保温材料的外保温系统宜以不燃材料为防护层，防护层厚度为 50 mm。

③ 外叶墙板为建筑装饰层，厚度为 60 mm，外叶墙板可充当现浇节点模板，其防火性能也优于现浇墙体，外叶板表面可以采用清水混凝土、瓷砖、石材、纹理和涂料等饰面做法，当外叶板上需要设置线条等造型时，建议采用凹槽的形式，且深度不宜大于 20 mm，同时保证外叶板钢筋网片的保护层厚度。

在预制外墙 3 层材料之间需要使用保温连接件将各部分连接为整体，此外夹心外墙板还应具有如下特点：满足结构受力、建筑装饰和保温要求，解决预制墙体接缝防水问题。

（3）预制内墙设计

本案例抗震设防烈度为 8 度，层数为 14 层，根据建筑施工图可知，预制内墙采用预制承重内墙板与轻质隔墙相结合的方案。结构施工图中拆分出的内墙为承重内墙板，如图 3-52b 所示。未标出起隔断作用的墙为轻质隔墙。

预制承重内墙板厚度为 200 mm，内部填充聚苯板实现结构开洞，聚苯板填充范围内的墙体按构造填充墙体设计，可避免现场湿作业且保证质量可靠。这种预制内墙板的材料质轻，承重力好，隔音隔热，且成本还低于传统的材料，物美价廉，性能优越。

（4）预制叠合板设计

预制叠合板是由预制板和现浇钢筋混凝土层叠合而成的装配整体式楼板，如图 3-52c 所示。叠合板整体性好，板的上下表面平整，便于饰面层装修，适用于对整体刚度要求较高的高层建筑和大开间建筑。预制板既是楼板结构的组成部分之一，又是现浇钢筋混凝土叠合层的永久性模板，现浇叠合层内可敷设水平设备管线。

（5）预制楼梯设计

住宅预制楼梯的标准化程度较高，安装便捷，在装配整体式剪力墙结构中应用广泛。为增强楼梯间四周墙体的侧向约束，楼梯休息平台板采用现浇方式，如图 3-52d 所示。

预制楼梯生产中，扶手预埋件可提前埋好，与防滑条、滴水线等构造通过定模生产一次浇筑成型，减少现场楼梯二次处理工艺，而且预制楼梯较现浇楼梯质量好、观感好，具有清水混凝土的美观效果。

根据国家建筑标准设计图集《预制钢筋混凝土板式楼梯》（15G367-1）及《装配式混凝土结构连接节点构造（2015 合订本）》（G310-1~2），本案例采用上端铰支座，下端滑动支座。

（6）预制阳台设计

为增加建筑的整体性，本案例采用预制钢筋混凝土叠合阳台板结构设计（图 3-52e），该设计可与叠合楼板配套使用，在工厂中完成阳台的部分预制，并在现场进行吊装和剩余的钢筋绑扎与混凝土浇筑。设计时，叠合阳台板钢筋架的外伸钢筋长度为 300 mm，方便后期施工时阳台与叠合楼板的绑扎固定。

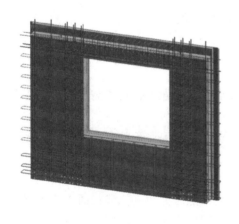

(a) 预制带窗洞外墙

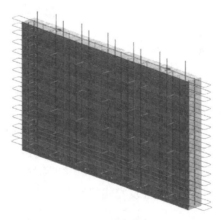

(b) 预制内墙

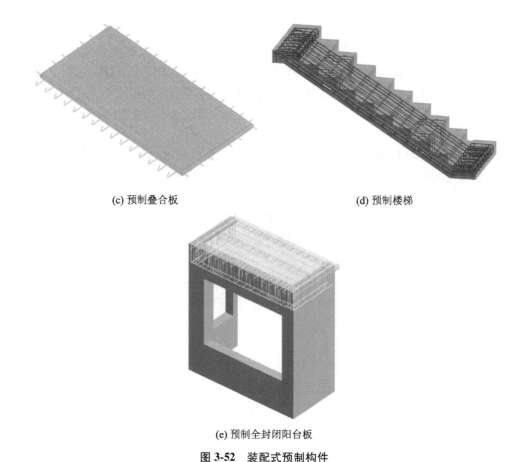

(c) 预制叠合板　　　　　　　　(d) 预制楼梯

(e) 预制全封闭阳台板

图 3-52　装配式预制构件

3. 节点深化设计

（1）设计关键

在针对装配式建筑预制构件的深化设计节点优化问题上，首先需要明确其深化设计的三个关键问题，具体如下：

① 节点连接。在深化设计预制构件的过程中，节点连接表现出的问题较多。节点连接技术分为湿式连接技术和干式连接技术（图 3-53）。从结构受力的角度看，湿连接技术诸如套筒灌浆连接技术和浆锚搭接技术可以确保预制构件连接节点具备一定的受力和变形能力，使得装配式建筑在延展性能和抗震性能方面较具优势；而干式连接技术则会导致连接节点的延展性能和抗震性能欠佳。从现场安装工艺的角度来看，套筒灌浆连接技术和浆锚搭接技术操作复杂且需要耗费较长时间养护，螺栓连接技术和焊接连接技术等干式连接技术则无需湿作业且操作便捷，耗费的工时较短。从震后修复的角度来看，湿式连接节点在震后通常需进行二次浇筑实现恢复，修复工艺较为烦琐；干式连接节点在地震时，其塑性变形一般发生于梁柱连接部位，因此震后恢复较为简单，耗费的人力和工时较少。

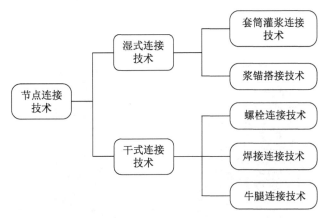

图 3-53 节点连接技术分类

② 预制设计。设计人员应充分考虑设计、预制、施工等各个环节的具体情况，并协同水暖、电气等技术人员共同设计，以确保预制构件孔道、预埋钢筋及预埋件设计的准确性。同时，应参考规范及其他成功案例进行钢筋配筋设计，预制设计是保证建筑安全的基础工作，一定要精确。此外，设计人员还应参考各类生产模具，一方面确保模具的强度、刚度、稳定性达标，另一方面也要保证模具的尺寸及规格符合预制构件的设计要求。

③ 施工安装。在安装预制构件之前，应妥善开展对构件边缘位置及预埋件的测量复核，应使用测垂传感尺等有关测量机具以保证构件的尺寸及垂直度达标，同时保证构件预埋件的数量、尺寸和位置准确，进而防止后续安装中出现较大误差；预制构件放置在安装位置后应利用调斜支撑予以临时固定，再在调斜支撑的支撑下实施对构件安装位置的复测，当发现构件安装位置存在较大误差时，应实施微调。当使用湿式连接技术时，灌浆作业前应妥善检测灌注浆液的强度、流动性等参数，确保其参数达标后方可实施灌浆；灌浆之后应进行充分养护，以确保预制构件连接部位强度达标。

（2）节点大样图

节点大样图包括 L 形节点大样图、预制外墙与板连接节点大样图、一字形节点大样图、楼梯节点大样图、T 形节点大样图，如图 3-54 所示。

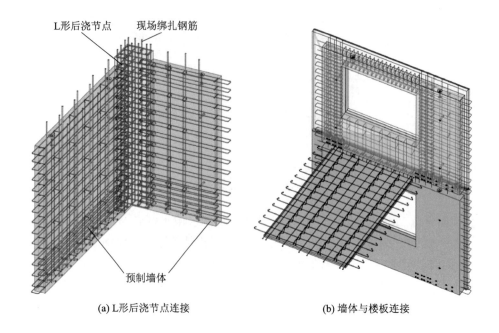

(a) L形后浇节点连接　　　　　　　　　(b) 墙体与楼板连接

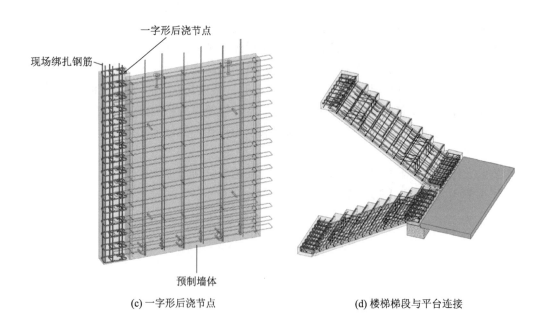

(c) 一字形后浇节点　　　　　　　　　(d) 楼梯梯段与平台连接

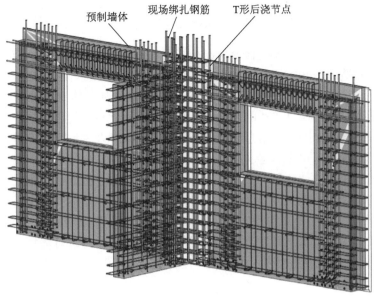

预制墙体　　现场绑扎钢筋　　T形后浇节点

(e) T形后浇节点连接

图 3-54　装配式结构节点设计

3.5　BIM 技术在幕墙工程深化设计中的应用

　　幕墙设计作为建筑设计的深化和细化，应能充分体现建筑的设计理念，同时更需要有与建筑设计匹配的实现工具以保证设计的延续性，从而更好地达到业主要求和建筑的设计目的。BIM 技术可以有效地保证幕墙细部设计时建筑信息的完整性和有效性，正确、真实、直观地传达建筑师的设计意图。尤其是对于一些大体量或复杂的现代建筑，信息的有效传递更是保证项目可实施性的关键因素。

　　应用 BIM 模型做幕墙设计能直观地表达建筑效果（图 3-55），但其所存储的信息仅限于初步设计阶段，尤其是关于材料、细部尺寸及幕墙和主体结构之间的关系的信息都很少。这些信息和构件细部等是在幕墙深化设计、加工过程中完善的，这一过程被称为"创建工厂级幕墙 BIM 模型"。工厂级 BIM 模型的创建贯穿幕墙设计和加工装配等阶段。创建工厂级幕墙 BIM 模型首先需要依据建筑设计提供的 BIM 模型或自行创建的建筑模型对幕墙系统进行深化设计，进而对 BIM 模型中的构件进行细化，且随着构件的不同处理阶段不断完善和调整模型。

图 3-55　玻璃幕墙 BIM 模型

3.5.1 基于 BIM 技术的幕墙工程深化设计流程

幕墙深化设计是基于建筑设计效果和功能要求，满足相关法律法规及现行规范的要求，运用幕墙构造原理和方法，综合考虑幕墙制造及加工技术而进行的相关设计活动。幕墙结构深化设计 BIM 应用典型流程如图 3-56 所示。BIM 技术对幕墙深化设计具有重要影响，包括建筑设计信息传达的可靠性大大提高，深化设计过程中更合理的幕墙方案的选择判定深化设计出图等。信息传递的准确性和有效性及幕墙深化设计师对建筑师设计理念的理解对幕墙深化设计至关重要。根据建筑设计师提供的 BIM 模型在招投标阶段就能充分理解建筑设计意图，轻易把握设计细节，有利于提高项目招投标的报价准确性。建筑师的设计变更能充分得到响应，同时，在设计过程中需要特别注意的事项可以方便地在 BIM 模型中给予强调或说明，使幕墙设计师能充分理解建筑的每一处细节。另外，幕墙设计师还能基于对建筑设计的充分理解对幕墙设计进行优化，并将优化的结果以 3D 的形式直观地表达出来，供业主和建筑师参考实施。

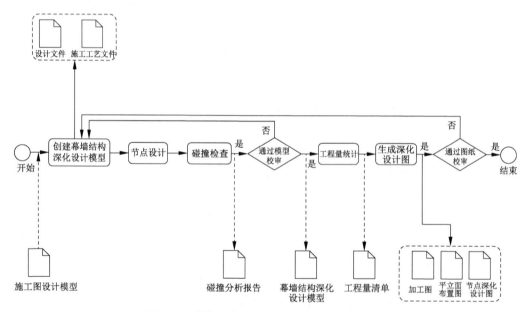

图 3-56　幕墙结构深化设计 BIM 应用典型流程

在创建工程幕墙 BIM 模型的过程中，需充分利用软件优点结合项目自身特点进行创建：

① 模块化：基于 Revit 软件的模块化功能，可以将外幕墙不同类型单元做成不同的幕墙嵌板族，这样就可以根据单元类型创建族，同一种类型的单元应用同一个族，从而大大减少工作量。

② 参数化：对于外幕墙中同一种类型的嵌板族，其各种构件的定位可以利用参照线及参照面，并为参照线和参照面设置定位参数，使单元板块尺寸上的变化可以应用参数调节。

③ 类型参数与实例参数：根据参数形式的不同，参数可分为类型参数和实例参数，实例参数是族的参数，可以分别为每个族调整参数；而类型参数是一个类型的所有族的

参数，调节类型参数时所有该类型的板块自动发生变化。

幕墙模型创建过程主要包括以下内容：

① 创建幕墙定位系统。受限于 Revit 软件平台建模功能的薄弱形体和复杂的幕墙模型，首先需要创建定位体系。在目前软件开发情况下，定位系统的功能一般由 CAD 完成，即楼层标高平台和幕墙定位线需先在 CAD 中创建，再引入 Revit 软件平台。

② 通过幕墙嵌板族创建幕墙单元。采用幕墙嵌板族，将单元面板、台阶构造及竖挺创建在嵌板族里，且台阶宽度的变化通过嵌板族中的参数调节，相当于将一个单元做成一个嵌板。

③ 将幕墙单元导入项目的幕墙定位系统，并输入台阶参数，以获得模型中每区每层的幕墙板块台阶尺寸。

④ 创建幕墙支撑体系。通过定位创建构件族、构件单元，导入构件单元等环节，以及创建符合施工精度要求的工厂级 BIM 模型。

3.5.2　BIM 技术在幕墙工程深化设计中的应用实例

下面以义乌某广场项目 A3 楼为例介绍 BIM 技术在幕墙工程深化设计中的应用。

A3 楼玻璃幕墙面积约为 26000 m^2，铝板幕墙面积约为 11000 m^2，玻璃幕墙大多数采用半隐框模式（图 3-57），裙楼采用隐框幕墙。

图 3-57　义乌某广场项目

1. 幕墙建模

该项目玻璃幕墙表皮造型为在正圆形与椭圆形之间流动形成的建筑造型体，其玻璃幕墙表皮为三维曲面（竖向任意位置的曲率都不相同），另外业主对视觉感官的要求很高，不能有折角出现。因此初步决定玻璃板块做成三维曲面板块，这就对幕墙玻璃板块的下料加工图的准确性及现场施工提出了更高的要求。

根据现场提供的 CAD 平面图和建筑立面图上的玻璃板块进行幕墙表皮建模，然后对其进行板块分割，共产生了 416 块不同尺寸及不同大小的玻璃板块。通过对具体的板块模型分析发现，玻璃板块上下两边的边缘线为椭圆线，每一点的曲率都不相同。若加工此种玻璃板块，则需要提供每块中空玻璃的弯曲轴位置，并且即使提供了参数，玻璃加工厂加工起来也很困难，加工周期也会很长。利用 Revit 软件建立玻璃幕墙模型的过程如图 3-58 所示。

(a) 建立主体结构、预埋件

(b) 建立钢骨架

(c) 放置立柱、横梁

(d) 布置防火岩棉硅酸钙板

(e) 建立玻璃单元

(f) 建立格栅、百叶窗

(g) 完成玻璃幕墙BIM模型

图 3-58　玻璃幕墙 BIM 模型的建立过程

对上、下椭圆形线段进行分析发现，其曲率变化不大。如果把上、下椭圆形线段变换成与其相近的圆形弧线，加工图上的参数就能准确、清晰地表达出来，玻璃加工厂也能读懂加工图纸。变换与其相近的圆弧时，可以在 Rhino 软件中先提取圆线段的两个水平端点创建一条辅助线（弦），然后找到辅助线的中点并在中点上创建一条垂直于线段的辅助线，辅助线与原椭圆形线段相交产生交点。这样就得到了三个点，在软件中利用三点生成圆弧工具，可得到一条有统一半径的圆弧，在软件中与最初的椭圆线段的间距变化比对发现，偏差不超过 1.34 mm。用相同的方法把下边缘的圆弧求出来，即可得到新的板块外轮廓线，用同种方法对原先分割出来的 416 块玻璃板块模型进行重建，得到一个弧型的玻璃幕墙表皮（图 3-59）。在三维软件中通过不同位置和角度对模型进行观察，可以得出采用圆弧替代椭圆曲线的方法得到的模型在电脑软件中的浏览观察效果可以接受的结论。

如果幕墙施工前期现场测量放线发现土建的结构偏差较大，与幕墙完成面有冲突，就可以通过修改幕墙模型的完成面进行调整。在模型完成面中重新分割幕墙表皮并进行编号（图 3-59b）和优化设计，以达到满意的视觉效果和安装质量，而且可以大大缩短玻璃加工周期，降低成本，取得良好的社会效益和经济效益。

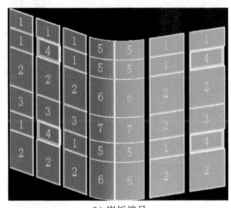

(a) 弧形玻璃　　　　　　　　　　　　　　(b) 嵌板编号

图 3-59　平转弧玻璃幕墙

2. 玻璃幕墙深化检查

由于在幕墙设计时未考虑降板，造成 2F 的玻璃龙骨与 3F 的玻璃龙骨发生冲突，且 2F 上部玻璃的上横梁安装困难，经过 BIM 幕墙深化已经解决该问题，如图 3-60 所示。

原设计图转角处的玻璃幕墙为平转弧玻璃（图 3-61），这种玻璃对加工工艺的要求高，所以需要特殊定制。创建模型过程中发现，如果将玻璃改为普通的单曲面弧形玻璃，从结构圈梁到玻璃的空间就会非常狭小，无法安装立柱。本项目通过在不影响整体建筑效果的前提下，对结构圈梁的半径与弧度进行更改，将原设计的平面转弧面的特殊玻璃改为单曲面弧形玻璃。此种玻璃在 A3 #楼共计约 560 m²，平面转弧面的玻璃比单曲面弧形玻璃贵 90 元/m²。该项目利用 BIM 技术总计可节约 50400 元。

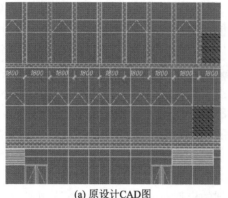

(a) 原设计CAD图

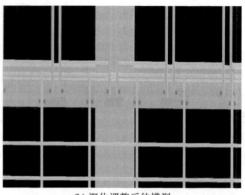

(b) 深化调整后的模型

图 3-60　碰撞检查调整

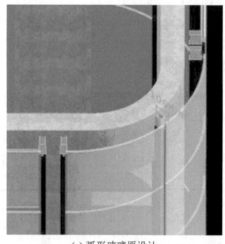

(a) 弧形玻璃原设计

(b) 弧形玻璃调整后

图 3-61　平转弧玻璃优化调整

　　BIM 与参数化设计有着紧密的联系，而很多复杂的项目都需要通过参数化的设计来保持完美的建筑体态，通过精细化建筑的 BIM 参数化模型可以获得不同单元板块的尺寸数据。更重要的是，单元板块内的构件之间按照幕墙深化设计原则也会产生一个可以被公式定义的关系，将这个关系植入单元板块内部，就可以方便地通过参数化引擎驱动单元板块内部所有关联构件随着某一个尺寸的变化而变化。这样，通过参数化创建出来的 BIM 模型往往只需要将其中的 3D 单元构件摘取出来，在平面图中加以适当的标注就可以使用，从而大大提高工作效率，降低错误概率。

📑 本章练习题

一、选择题

1. BIM 技术在深化设计阶段的应用可以带来哪些好处？（　　　）

A. 提高设计质量和效率，减少设计变更和返工

B. 提高施工管理水平，降低施工成本和风险

C. 提高运维管理水平，延长建筑寿命，提升建筑价值

D. 以上都是

2. BIM 技术在深化设计阶段的应用需要哪些条件？（　　）

A. 高水平的 BIM 软件和硬件设备

B. 完善的 BIM 标准和规范

C. 良好的 BIM 协同和沟通机制

D. 以上都是

3. BIM 技术在深化设计阶段的应用存在哪些挑战？（　　）

A. BIM 软件功能不完善，无法满足各专业的需求

B. BIM 数据交换不顺畅，导致信息丢失或错误

C. BIM 人才培养不足，缺乏专业知识和技能

D. 以上都是

4. BIM 技术在深化设计阶段的应用可以提高哪些方面的设计质量？（　　）

A. 设计方案的可行性和优化程度

B. 设计图纸的准确性和完整性

C. 设计信息的一致性和同步性

D. 以上都是

5. BIM 技术在深化设计阶段的应用可以提高哪些方面的设计效率？（　　）

A. 设计过程的自动化和智能化

B. 设计变更的快速反馈和更新

C. 设计协作的平台化和网络化

D. 以上都是

6. BIM 技术在深化设计阶段的应用可以降低哪些方面的设计风险？（　　）

A. 设计错误和遗漏

B. 设计冲突和不协调

C. 设计变更和返工

D. 以上都是

二、思考题

1. BIM 技术在深化设计阶段的应用主要有哪些方面？请简要说明。

2. BIM 技术在深化设计阶段与其他项目阶段（如前期规划、施工建造、后期运维等）有何联系和区别？请简要说明。

3. BIM 技术在深化设计阶段有哪些发展趋势和前景？请列举至少两个。

第4章 BIM技术在施工阶段的应用

4.1 基于BIM技术的建筑施工过程

BIM技术是应用数字技术建立、管理、协调和共享建筑信息的一种方法。随着科技的不断发展，BIM技术在建筑业中扮演着越来越重要的角色。在施工阶段，BIM技术应用的范围也越来越广泛。本节将探讨BIM技术在施工过程中的应用及重要性。

建筑施工是人们利用各种建筑材料、机械设备，按照特定的设计蓝图在一定的空间、时间内为建造各式各样的建筑产品而进行的生产活动。建筑施工过程包括施工准备、施工组织设计与管理、土方工程、爆破工程、基础工程、钢筋工程、模板工程、脚手架工程、混凝土工程、预应力混凝土工程、砌体工程、钢结构工程、木结构工程、结构安装工程等。

4.1.1 BIM技术在施工过程中的应用

1. BIM技术在虚拟建造中的应用

基于BIM技术的虚拟建造能够极大地克服工程实物建造过程所带来的困难。在施工阶段，通过基于BIM的虚拟建造对施工方案进行模拟，包括4D施工模拟和重点部位的可视化模拟等，可以实现虚拟的施工过程。在一个虚拟的施工过程中可以发现不同专业需要配合的地方，以便实际施工时及早做出相应的布置，避免等待其余相关专业或承包商进行现场协调，从而提高工作效率。图4-1所示为BIM技术应用于虚拟建造的实例。

(a) 徐州市杏山子公交首末站BIM建模　　(b) 平凉市银河众创中心项目BIM建模

图4-1　BIM技术应用于虚拟建造的实例

2. BIM 技术在施工场地布置中的应用

合理布置施工现场能够减少作业空间的冲突，优化空间利用率，包括施工机械设施规划、现场物流与人流规划等。将 BIM 技术应用到施工场地布置阶段，可以更好地指导施工，为施工企业降低施工风险与成本运营。譬如，在大型工程中大型施工机械必不可少，重型塔吊的运行范围和位置一直都是工程项目计划和场地布置的重要考虑因素之一，而 BIM 技术可以实现在模型上展现塔吊的外形和姿态，使得塔吊规划更加贴近实际。BIM 与物联网等技术集成可实现基于 BIM 技术的施工现场实时物资需求驱动的物流规划和供应 BIM 空间载体，集成建筑物中人流分布数据，可进行施工现场各个空间的人流模拟，进行碰撞检查、调整布局，并以 3D 模型进行表现。图 4-2 为 BIM 技术用于施工现场规划。

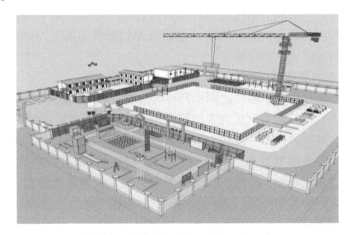

图 4-2　BIM 技术用于施工现场规划

3. BIM 技术在施工进度管理中的应用

将 BIM 与进度集成可形成 BIM 4D 施工，基于 BIM 的 4D 施工模拟可将建筑从业人员从复杂抽象的图形、表格和文字中解放出来，以形象的 3D 模型作为建设项目的信息载体，方便建设项目各阶段、各专业及相关人员之间的沟通和交流，减少建设项目信息过载或者信息流失而带来的损失，从而提高从业者的工作效率及整个建筑业的效率。图 4-3 为 BIM 用于 4D 施工进度模拟。

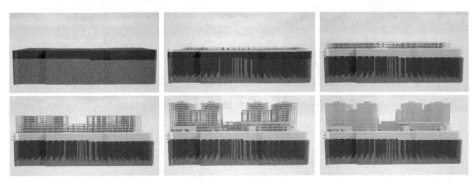

图 4-3　BIM 用于 4D 施工进度模拟

4. BIM 技术在工程造价管理中的应用

工程造价控制是工程施工阶段的核心指标之一，其依托于工程量与工程计价两项基本工作。基于 BIM 技术的工程造价管理相比基于传统造价软件有根本性区别，它可以实现从工程量计算向 3D 模型工程量统计转变，由 BIM 4D（3D+时间/进度）建造模型进一步发展到 BIM 5D（3D+成本+进度）建造模型以实现全过程造价管理。

工程管理人员通过 BIM 5D 模型在工程正式施工前即可确定不同时间节点的施工进度与施工成本，可以直观地查看进度并得到各时间节点的造价数据，从而避免设计与造价控制脱节、设计与施工脱节，以及设计变更频繁等问题，使造价管理与控制更加有效。

BIM 技术在工程组价中也有广泛应用，包括自动量取、工程量计算、材料管理、成本分析和可视化报表等功能。通过与建筑模型相关联，确保准确的工程量计算和材料概算，并实现成本控制和优化决策。同时，生成可视化报表和图表，直观呈现成本信息，帮助项目团队进行成本评估和决策。

5. BIM 技术在协调管理中的应用

在建筑工程施工过程中，各方之间都存在着协调管理的问题，建筑物中各种元素都是相互联系的，协调不好就会出现许多问题。BIM 技术可以在这方面发挥作用，通过协调管理实现各方之间的协作和一致性。BIM 模型可以模拟建筑物的各个方面，包括机电施工、结构施工，甚至园林和室内设计等，通过模拟和协调可以降低协作失败的可能性。BIM 模型通过集成建筑、结构、机电等专业数据支持多系统协同分析与性能模拟，从而减少各部门之间协作的障碍，防止由失误引起的施工延迟。图 4-4 为 BIM 技术应用于施工过程中的碰撞检测。

图 4-4 BIM 技术应用于施工过程中的碰撞检测

4.1.2　BIM 技术在施工过程中的重要作用

（1）减少变更

在项目进行过程中，变更是一个常见问题。若没有提前进行充分设计，则很容易出现经常需要变更的现象，而且变更费用极高。BIM 技术可以提高项目的质量，减少变更的发生。

（2）减少建设成本

采用 BIM 技术建设的成本较少。在施工的成本管理方面，BIM 技术再次展现了其强大的技术优势。通过 BIM 技术对施工过程进行可视化和模拟，管理者就可以更精准地掌握不确定因素，减少误差，降低成本。

（3）优化整体进度管理

BIM 技术能够帮助工程团队更好地管理整体进度，并提高工作效率。由于 BIM 模型是实时更新的，因此工程师可以更好地了解每个阶段的进度，并及时做出调整。

（4）提高项目安全性

BIM 技术可用于安全管理，并可以准确地在之后的管理中重复利用，使每一个项目都更加安全可靠。

（5）提高整体质量

借助 BIM 技术不仅能够加强整体质量管控，还可以更好地掌握每个部分的情况。同时基于 BIM 技术还可以检查细节，从而使建筑符合业主的要求。

BIM 技术不仅可以前置优化设计，还可以在施工期间的安全管理、技术管理和成本控制方面发挥重要作用，从而确保项目质量，提高效率，降低成本。基于 BIM 技术的建筑施工是一种较为环保的建筑方式。未来随着 BIM 技术的不断发展和完善，它将更好地应用于建筑施工的前、中、后期，并与人工智能、大数据分析等技术进行更广泛的融合，从而推动建筑施工事业的进步。

4.2　基于 BIM 技术的施工场地布置

施工场地布置是指根据图纸、结合现场勘察情况，并考虑进度的总体安排，按照文明施工、安全生产的要求，对现场施工布置情况做总体安排的过程。施工场地布置的合理与否是项目施工成败的关键。若能合理布置施工场地，不但会给施工单位带来直观的经济效益，同时还能加快施工进度，最终实现甲方与其他各参与方共赢。

BIM 技术可以帮助设计师在建筑设计的早期阶段模拟并预测施工场地布置中的各个环节，包括施工场地的布置、设备的摆放、人员的活动、材料的储存等，这些方面都极大地影响到施工的安全性、生产效率、质量和成本等。因此，BIM 技术在施工场地布置中的应用非常重要。

在施工场地布置中，通常需遵循以下原则：

① 平面布置科学合理，在满足施工要求的前提下尽量使现场布置紧凑，减小施工场地的占用面积；

② 材料安排尽量靠近使用地点，并合理地组织运输，减少二次搬运；

③ 满足施工要求，场地内道路保证畅通，方便运输，能够按照计划分期分批安排材料进场，充分利用现场场地，大件尽可能放在起重机下面；

④ 在保证施工顺利进行的条件下，充分利用既有建（构）筑物和既有设施为项目施工服务，尽可能减少临时设施的搭建，降低临时设施的建造费用；

⑤ 临时设施的布置应方便生产和生活，生产区、生活区和办公区应该分区域进行设置，办公用房尽量靠近施工现场，现场的一些福利设施应设置在生活区内；

⑥ 要根据总体施工部署和施工流程的要求进行施工区域的划分及施工场地临时占用区域的界定，减少相互之间的干扰；

⑦ 应符合安全、消防、节约能源和环境保护等要求；

⑧ 要遵守当地主管部门和建设单位关于施工现场安全文明施工的相关规定。

施工场地布置需要依据的规范见表 4-1。

表 4-1　施工场地布置需要依据的规范

序号	标准名称	标准标号
1	《建筑施工组织设计规范》	GB/T 50502—2022
2	《建设工程施工现场消防安全技术规范》	GB 50720—2011
3	《建筑工程施工现场环境与卫生标准》	JGJ 146—2013
4	《建筑施工现场临时建筑物技术规范》	JGJ/T 188—2009
5	《建筑施工安全检查标准》	JGJ 59—2011
6	《建筑工程施工现场标志设置技术规程》	JGJ 348—2014
7	《建筑机械使用安全技术规程》	JGJ 33—2012

4.2.1　BIM 技术在施工场地布置中的应用

1. BIM 用于施工场地布置的意义

（1）增强施工现场的安全性

施工场地在布置时，应考虑协调管理和安全使用，以提高施工现场的安全性。BIM 技术可以构造虚拟场景，模拟施工现场的布置和操作，改善施工计划，让机器学习修复场地冲突，保证施工现场安全。因此，BIM 技术可降低安全事故的发生率并保障建筑工人的安全。

（2）提高施工效率

施工现场要求流程优化，物流加快，各方协作，以更好地提高施工效率。BIM 技术可以帮助设计师和工程师在施工场地布置之前进行模拟，确定最佳的物流布置方案。通过数字化、物资管理、设备管理及材料管理，在施工现场更快地完成多项任务，提高施工效率。

（3）减少施工成本

施工场地布置的优化可以降低施工对物流的依赖，从而降低建筑成本。BIM 技术可以模拟间接物料监测进出库的方式，突出最优布局项，实行量化的结果，建立开支预算，降低建筑成本。

（4）提高工程的质量

每一个参与者对最终的工程成果质量都是有影响的。BIM 技术是一种数字化工具，通过数字化使工程各个方面能更加充分地考虑到相关的要求，及时发现缺陷，改善和完善工程，从而提高工程的质量。

2. BIM 施工场地布置软件（BIMMAKE）介绍

BIMMAKE 作为一款聚焦于施工全过程的三维 BIM 建模和精细化 BIM 应用的轻量化软件，具备强大的建模能力，同时搭载了参数化构件编辑器，能够快速获取 BIM 模型，创建各类构件，因此除第 3 章介绍的其在深化设计上体现出的强大功能外，在施工现场布置方面，BIMMAKE 也具有独特的优势。

（1）BIMMAKE 具有施工场地、地形策划功能

① BIMMAKE 施工场地策划功能：可模拟真实地形，支持设置高程点、导入高程点文件，可一键生成曲面地形，模拟真实的施工场地。

② BIMMAKE 地形策划功能：支持创建面域构件，面域构件依附地形变化，并可轻松修改材质类型，可用于创建依附地形的道路、草地等。在 BIMMAKE 中创建地形后，还支持多级、复杂放坡基坑的创建，土方回填，以及场地平整，从而指导土方开挖阶段的施工。

（2）BIMMAKE 有丰富的构件库

① BIMMAKE 作为一种基于 BIM 技术的建筑信息模型软件，其构件库提供了各种建筑构件和软件工具以帮助用户快速创建三维建筑信息模型。这些构件包括基础结构构件、梁柱板构件、门窗构件、家具设备及电气和管道构件等。

BIMMAKE 构件库以其丰富性、实用性和便捷性，为建筑信息模型的创建和建筑设计提供了强大的支持。在创建建筑信息模型时，用户可以方便地访问和添加各种构建元素，使其能够快速、高效地完成建筑设计任务，改进设计，获得更好的用户体验。

② 构件坞官网下载构件。构件坞官网（https：//www.goujianwu.com）提供了丰富的 BIMMAKE 场布类构件，可免费下载与收藏 gac、skp 格式的族，大大丰富了场布类构件。

（3）BIMMAKE 可以定制 CI 样板

BIMMAKE 定制 CI 样板可以在建筑信息模型中添加其公司或品牌的标识和设计元素，从而为其建筑信息模型提供定制外观和体验。

BIMMAKE 支持用户在建筑信息模型中自定义品牌标识和设计元素。这意味着在创建或编辑 BIM 模型时，用户可以将其公司标识、字体样式和颜色等设计元素应用到建筑信息模型中，即用户可以将其公司品牌集成到模型中，从而增强公司内外的品牌知名度和识别性。此外，BIMMAKE 还支持用户添加品牌资料到建筑信息模型中。例如，用户可以将公司或品牌的历史、文化、服务理念等资料添加到建筑数据信息库中。这些资料可以帮助客户和其他利益相关者了解公司或品牌，同时提高建筑信息模型的可信度和真实性。

（4）BIMMAKE 可进行轻量化、可视化展示

① BIMMAKE 支持上传 BIMFACE，可通过移动端或 PC 端轻量化浏览模型，进行施工现场的漫游。

② BIMMAKE+Lumion。BIMMAKE 可开展精准的施工现场布置 BIM 建模，并可快速导出 3DS 格式进入 Lumion 做出精美的渲染漫游效果（图 4-5），有效协助招投标及现场施工。

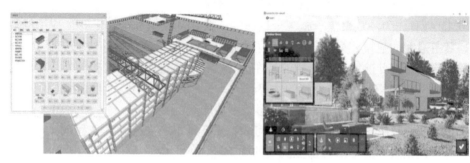

图 4-5　用 Lumion 进行渲染漫游

③ BIMMAKE+VDP。BIMMAKE 场地布置模型完成以后，将导出的 IGMS 格式文件导入 VDP（虚拟现实设计平台），可轻松进行渲染，输出效果图、全景图、VR 场景、全息视频等，从而让人身临其境地在不同设备中体验 1∶1 还原的施工场布模型，让 BIMMAKE 模型可触可感，进行沉浸式的设计审核、施工交底等。图 4-6 为 VDP 渲染施工场布模型效果图。

图 4-6　VDP 渲染施工场布模型效果图

4.2.2　BIM 技术在施工场地布置中的应用实例

本节以第八届全国高校 BIM 毕业设计创新大赛 A 模块土建施工 BIM 建模与应用本科组江苏大学"天行健"特等奖作品为例，介绍 BIM 技术在施工场地布置中的应用。

1. 项目概况

本项目用地为南京保利和光晨樾，位于南京市鼓楼区，新模范马路以北，南瑞路以东，金川河以南，用地性质为科研办公用地。地块整体意向为以建造精英人才集聚的国际化城市新地标为主，为人们提供一个舒适、绿色、愉悦的生活链条。总建筑面积约为 $13.74×10^4$ m^2，包括商业购物、餐饮、休闲文化、科研办公等诸多功能。

2. 施工场地布置图

本项目先利用 CAD 画出施工场地布置草图，然后使用 BIMMAKE 进行施工场地三维模型的建立。三维场布模型如图 4-7 所示。

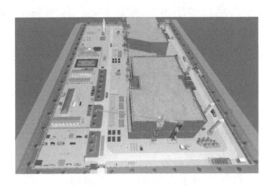

施工场地布置动画

图 4-7　施工场地三维模型

3. 施工场地布置内容

（1）安全教育区

安全教育区布置在北大门的侧面，其中布置了 VR 安全体验馆、安全讲台等教育设施。设立安全教育设施的目的是培养员工规范作业的习惯，提高员工的安全意识，降低员工的受伤概率。

（2）样板展示区

样板展示区布置在安全区的南边，包括砌体结构样板等样板，展示施工中所用到的建筑材料和建筑构件。

（3）生活区

根据进度计划及资源安排可知，在工作面上工地现场的工人高峰值大约 388 人，工人生活区设置在拟建建筑的东侧，样板展示区的南边。宿舍大体上按照 4 m^2/人的标准设置，需 1552 m^2 的使用面积，因此设置四栋员工宿舍，每栋两层，共 64 个宿舍，每个宿舍面积约为 25 m^2，满足工人的临时居住要求。

生活区还设置一栋办公楼，配备食堂、浴室、卫生间、垃圾房、篮球场等设施，满足工人的生活和娱乐需求。

（4）施工现场生产设施布置

现场设置钢筋加工区、木材加工区和机电加工区、建筑材料堆场及建筑垃圾堆场。

① 钢筋加工区：按照施工进度计划及资源安排，共设有两个钢筋加工棚，将其统一放置在拟建建筑的东侧，钢筋半成品和成品堆放在钢筋加工区后方，避免加工好的钢材多次运输，合理利用场地资源。其成品堆放地区在塔吊的运输范围内，方便吊装。

② 木材加工区和机电加工区：木材加工区、机电加工区均放置在拟建建筑的西侧，其半成品和成品材料放置在加工区后方，离施工地区较近，方便成品材料运输，且成品堆放区在塔吊吊装范围内，方便吊装。

③ 建筑材料堆场：建筑材料集中堆放在塔吊覆盖范围内，方便运输，并且可作为临时拆模堆场，重复利用建筑场地，提高建筑场地的利用率。

④ 建筑垃圾堆场：建筑垃圾堆场在生活区的南边，距离生活区 35 m，对生活区影响较小。距离钢筋加工区等区域较近，位于混凝土搅拌站旁，方便收集建筑垃圾。

（5）主要施工机械设备布置

① 塔吊：共设置 6 个塔吊，塔吊覆盖率为 97%，按照施工场布规范，相邻塔吊的水平安全距离最小为 4 m，高差安全距离为 5 m，满足安全要求。塔吊与施工道路间的距离为 25 m，可保障施工道路的安全。塔吊与拟建建筑的距离为 5 m，脚手架放置满足施工要求。

② 施工电梯：施工电梯共有 5 部，均为双笼电梯。施工电梯与塔吊的距离最小为 10 m，保证施工电梯与塔吊之间互不影响。

（6）施工现场出入口及围挡布置

① 出入大门：施工大门共 2 个，分别位于北侧和西侧，每个大门都设有实名制通道，配备人脸识别闸机，避免非施工人员进入，并对温度异常的人员启动报警程序。大门后均布置了雾炮、洗车槽、消防柜、沉淀池等设施。

② 现场围墙：围墙采用文化墙布置，墙体高为 3 m，符合施工场布规范。各文化柱之间的距离为 5 m，节省围墙成本，门口文化墙贴有安全标语图及标志牌等。

（7）施工现场道路布置

施工道路的宽度为 6 m，绕拟建建筑一周。建筑材料可以运输到拟建建筑的各个地点，保证运输满足施工要求。根据总平面规划，施工现场施工道路为再生混凝土路面。

4. 施工现场 VR 漫游体验

根据工程施工部署，利用 BIM 技术模拟施工阶段工程地上地下的已有和拟建建筑物、施工设备、各场地实体、临时设施、库房和各加工棚等现场情况后，可通过导出 IGMS 格式文件导入 VDP，进行渲染和交互制作。在本项目中，制作了多种交互，例如，布置了四个观察点，包括初始位置、样板展示区、安全教育区、生活区，方便快速跳转浏览；设置了弹出文字及弹出图片介绍项目工程概况及场地平面布置图，让工人更加清晰地了解工程的详细情况；在样板展示区制作了砌体结构材质替换交互，通过更换砌体结构材质，直观展示不同材料的可视化差别；在中控室设置了视频交互，播放进度计划，进行项目进度管理；在 VDP 中设置了诸多动画，如行走的工人、旋转的塔吊和行驶的车辆等，使施工现场更加真实。

VDP 渲染及交互动画制作完毕后，可上传到 BIMVR 进行场布漫游。有条件的话，可以使用 VR 设备身临其境地体验 1∶1 还原的施工场布模型，让 BIMMAKE 模型可触可感。BIMVR 还可输出视频、效果图等，极大地方便设计审核、方案优化、施工交底。BIMVR 内展现的交互漫游如图 4-8 所示。

(a) 花园广场

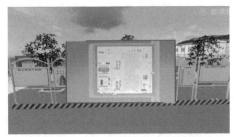

(b) 停车场

(c) 商场大厅

(d) 内部超市

(e) 会议室

(f) 书店

图 4-8　基于 BIM 技术的施工场地交互漫游

5. 室内外场景布置及 VR 漫游体验

建好的 BIM 模型可以作为二次渲染的模型基础，大大提高三维渲染效果的精度与效率，设计人员和施工人员及业主可以借助 VR 可穿戴设备任意观看体验 VR 漫游行走。对设计人员而言，在 VR 漫游和实时渲染下，可以发现设计问题，改进现有的设计思路，减少不必要的施工流程和经费，提高建筑设计的精准性；对施工人员而言，VR 漫游有助于其充分了解设计思路，也可指导其现场施工，避免设计图纸与实际出现较大的误差，从而影响建筑工程的进度；对于业主来说，VR 漫游与渲染可以为其提供直接的视觉冲击。

本项目属于商业办公楼，1~3 层为商场，4~12 层为办公楼，为了展现真实的竣工运营效果，参考实际的商场及办公楼设施，在 VDP 中对本建筑内外部进行适当布置。在商场内部布置了餐饮店、服装店、书店、电影院、游戏厅等设施；在办公楼布置了会议室、办公室等，同时对吊顶墙饰面等进行了适当装修；在建筑外部，除基础绿化外，还布置了喷泉、花园等景观，设置了室外餐饮休闲区、停车场，力求场景近乎真实，达到身临其境的效果。此外，在漫游过程中，还设置了部分交互，例如开关灯、开关门、

材质替换等，通过设置观察点并跳转节省漫游时间，达到更好的体验效果。基于 BIM
技术的室内外场景布置如图 4-9 所示。

(a) 花园广场   (b) 停车场

(c) 商场大厅   (d) 内部超市

(e) 会议室   (f) 书店

图 4-9　基于 BIM 技术的室内外场景布置

4.3　基于 BIM 技术的施工工序模拟

4.3.1　基于 BIM 技术的施工工序模拟的应用价值

虚拟施工（virtual construction，VC）是实际施工过程在计算机上的虚拟实现。它采
用虚拟现实和结构仿真等技术，在高性能计算机等设备的支持下群组协同工作。虚拟施
工通过 BIM 技术建立建筑物的几何模型和施工过程模型，对施工方案实现实时、交互
和逼真的模拟，进而对已有的施工方案进行验证和完善。目前，虚拟施工正逐步替代传
统的施工方案编制方式和方案操作流程。

4D 模型虚拟施工能随时随地直观快速地对比施工计划与实际进展，同时进行有效
协同，使得施工方、监理方甚至非工程行业出身的业主、领导都能对工程项目的各种问

题和情况了如指掌；5D 模型对项目工程量进行准确测量，可以有效控制成本支出；6D 模型实现对安全环境的模拟，可以实时观察环境变化，做好改善与预防措施。通过 BIM 技术结合施工方案、施工模拟和现场视频监测，可以减少建筑质量问题、安全问题，减少返工和整改。

BIM 技术应用于施工工序模拟的优势如下：

（1）有效提高施工效率

基于 BIM 技术的施工工序模拟可以将设计和施工的信息整合在一起，并以三维建模的形式呈现。在施工前，BIM 技术可以使用高度仿真的 3D 模型，对施工流程进行模拟、测试和评估。这样可以让负责施工的人员在施工前就预知施工的难点和问题，并对施工流程进行优化。这种模拟方法不仅可以提高施工效率，还可以减少施工过程中的浪费和误差。

（2）帮助规划工期

基于 BIM 技术的工序模拟可以对施工项目进行详细的计划和预测。施工人员通过工序模拟可以发现施工过程中的潜在问题并提出解决方案，根据实际情况对施工进度进行调整。基于 BIM 技术的施工工序模拟可以帮助管理团队更加准确地规划工期。

（3）提高施工安全性

建筑施工是一项高度危险的任务，但是基于 BIM 技术的施工工序模拟可以对施工场地进行模拟，评估和预测可能存在的安全风险。通过模拟，可以为施工人员提供安全的工作环境及合适的工具和设备，从而减少伤亡事件的发生。

（4）缩短项目周期

基于 BIM 技术的施工工序模拟可以更好地控制和跟踪施工进度。这种方法可以通过实时的仿真工具和协作平台让设计人员和施工人员协同工作，确保施工进度。施工周期的缩短使得施工流程更加紧凑，减少资源浪费。

4.3.2　基于 BIM 技术的土建施工动画模拟案例

1. 项目施工模拟动画展示

本节仍以第八届全国高校 BIM 毕业设计创新大赛 A 模块土建施工 BIM 建模与应用本科组江苏大学"天行健"特等奖作品为例，说明基于 BIM 技术的土建施工动画模拟。

本项目土建工程量由 BIMMAKE 导出，部分安装工程量人工计算得出。在云计价平台进行定额套取之后，可以得到完成工程量所需的总劳动力、机械数量。为在三年内完成本项目的土建及部分安装工程，通过合理划分施工段，安排施工顺序，配置人、材、机数量，尽量保障各个施工阶段各工种劳动力的不间断流水作业、材料的合理流水供应、机械设备的高效合理使用。根据施工进度计划，本项目使用工序动画软件制作了土建、部分安装工程的施工模拟动画，用于展示流水施工过程。图 4-10 所示为施工过程动画模拟。

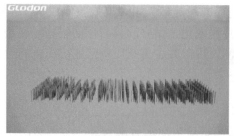
(a) 地基与基础施工

(b) 夹层立体结构施工

(c) 1~3层主体结构施工

(d) 主体及二次结构施工

(e) 屋顶主体结构施工

(f) 门窗安装

(g) 门窗及幕墙安装

(h) 幕墙安装(打包发送)

图 4-10　施工过程模拟动画

2. 重难点施工工序动画展示

利用 BIM 技术的可视化、模拟性、优化性、协调性等功能，可将传统的二维平面图纸、复杂节点设计转换为直观可视化的三维模型，将施工技术交底从复杂的文字转换为简单易懂的动画演示等，大大提高建设工程项目土建深化设计应用的效率。本项目使用广联达 BIM 工序动画制作软件，选择剪力墙及梁柱节点进行施工工序动画演示。

广联达 BIM 工序动画制作软件是基于广联达自主知识产权的图形技术，为施工企业及技术人员量身定制的施工交底动画制作软件，用于指导现场施工、招投标、企业展示等多种场景。本项目通过颜色改变功能对重要构件进行强调，修改部分构件的颜色，使其在动画中的颜色更贴近实际，随后根据施工步骤在工序动画中复现，分好时间节点，运用位置、移动、旋转和生长命令并结合淡入、淡出命令进行动画演示，对背景、配色、配音等细节进行调整，添加字幕和文字标注以增加动画的丰富度，最后设置 Fal-con 渲染器参数，导出动画。

（1）剪力墙施工动画展示

剪力墙实际施工过程中常会发生胀模漏浆的现象，除前期力学验算不到位，面板、内外楞及对拉螺栓受力不满足要求外，工人的施工工艺和施工步骤也是影响质量的关键因素。本项目对剪力墙施工工序及部分施工要点进行了动画演示，指导工人施工，减少质量问题。剪力墙施工工序如图 4-11 所示。

(a) 绑扎柱竖向钢筋

(b) 绑扎柱箍筋及拉筋

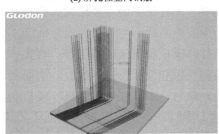
(c) 绑扎墙定位竖筋、横筋及梯子筋

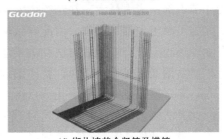
(d) 绑扎墙其余竖筋及横筋

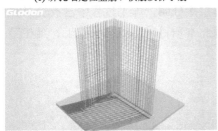
(e) 放线、粘贴海绵胶条

(f) 安装剪力墙模板

(g) 检查模板垂直度

(h) 安装次龙骨

(i) 安装主龙骨及对拉螺栓

(j) 安装侧面龙骨

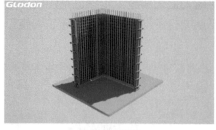

(k) 混凝土浇筑

剪力墙施工工序
动画

图 4-11 剪力墙施工工序

（2）梁柱节点施工动画展示

梁柱节点部位应力最大，在结构中尤为重要。而柱子主筋直径较大，梁钢筋排布密集，实际施工时工人很难操作，由此导致箍筋少放或间距不均，引起质量问题。梁柱节点在实际现场施工中有模板后封法和沉梁法两种。模板后封法的做法是：首先，铺设梁底模，尽早给钢筋工提供施工面，暂不铺设梁侧模板和楼板模板；然后，钢筋工将柱箍绑至梁底，穿好框架梁底筋后绑扎节点区箍筋；最后，木工铺梁侧模板、楼板底板及柱侧模板。此方法侧重细分工艺流程，合理安排工作顺序，要求木工和钢筋工紧密配合，保证节点区域箍筋绑扎符合设计及规范要求。但在实际施工中，工种配合困难，协调性差，施工效率低。而沉梁法的支模与钢筋工程层次分明，施工过程中没有交叉作业，有利于劳动力组织、调配，适用于流水施工，因此本项目采用沉梁法施工，梁栏节点施工工序如图 4-12 所示。

(a) 绑扎柱立筋及箍筋

(b) 支设柱模板

(c) 搭设脚手架

(d) 安装梁模板

(e) 铺设板模板

(f) 安装梁柱节点部位箍筋套

(g) 垫木方、绑扎梁钢筋

(h) 梁钢筋及节点箍筋套下沉

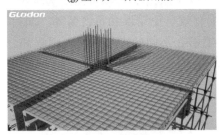

(i) 绑扎板钢筋

(j) 混凝土浇筑

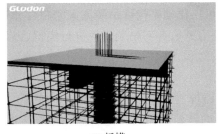

(k) 拆模

梁柱节点工艺动画

图 4-12　梁柱节点施工工序

4.3.3　基于 BIM 技术的预制构件吊装模拟

预制构件可以提高建筑工程施工效率，降低施工成本，提高工程质量。在预制构件施工安装过程中，吊装是一个非常关键的环节。吊装工作不仅需要精准的计算，还需缜密的安全措施。

预制构件吊装模拟是一种基于 BIM 技术的先进技术，可为施工安装预制构件提供安全可靠的计算和模拟。预制构件吊装模拟利用 BIM 技术和仿真软件进行建模和模拟，可以在施工前模拟吊装的实际过程，为预制构件的安装提供安全设计和可行方案，从而避免或减少潜在危险，并提高吊装效率。

1. 基于 BIM 技术的吊装模拟的优势

BIM 技术可有效实现模拟吊装施工方案中的可视化要求。在传统方法中，方案设计人员只能借助平面、立面和剖面图来表现设备的空间关系，在方案的修改过程中需要反复执行平面到空间的转化工作，耗费了大量的人力，也很容易出现漏洞。而基于 BIM 技术的设备吊装模拟分析在空间实景环境下进行，易于观察，修改及时，免去了中间过程，提高了方案修改的工作效率，出错概率小。在实际施工前，应对吊装过程进行模拟，尽早发现可能发生的失重、碰撞等问题，以提高吊装方案的可行性及安全性，并降低成本。

2. BIM 软件在预制构件吊装模拟中的应用

（1）Fuzor 软件的功能及应用

Fuzor 是一款 BIM 三维实时建模软件，专门用于建筑信息建模和协作。Fuzor 软件具有高度准确的定位与可视化能力，支持碰撞检测与协同工作，可以帮助团队高效、准确地协作，及时识别问题，在建筑项目开发周期中有效避免错误和重复劳动。同时，Fuzor 软件还提供模拟和分析等工具，让团队成员能够在不同的视角中深入理解和分析建筑结构及空间，以实现更高效、更高质量的建筑项目成果。总体来看，Fuzor 软件是建筑专业从业人员不可或缺的办公软件，可以帮助团队高效及时地完成建筑项目，提高整个行业的工作效率和准确度。

Fuzor 软件在预制构件吊装中的应用主要有以下几方面：

① 可视化构件吊装。

Fuzor 软件可以帮助建筑专业从业人员进行可视化预制构件吊装方案的制订和展示，可以帮助团队确定预制构件的位置、形状和吊装方式，并对吊装过程进行模拟、修改和调整。这有助于团队更好地规划预制构件吊装的过程，确保吊装的顺利进行。

② 碰撞检测。

Fuzor 软件可以帮助建筑专业从业人员进行碰撞检测，以避免安装过程中不必要的停顿和返工。使用 Fuzor 软件进行预制构件吊装的建筑模型可以进行碰撞检测，以发现和解决可能出现的问题，这将在实际项目中减少误差和延误。

③ 物料和工具管理。

Fuzor 软件可以帮助建筑专业从业人员管理物料和工具。预制构件吊装涉及多种起重设备、工具和材料，需要在现场进行正确安排和管理。Fuzor 软件可以创建一个材料和工具库，在预制构件吊装过程中更好地管理起重设备、工具和材料的使用。

④ 模拟吊装过程。

Fuzor 软件可以模拟预制构件吊装过程（图 4-13 至图 4-15），以验证和优化方案，确保实际操作安全高效。通过使用 Fuzor 的模拟和分析功能，团队可以评估吊装操作，调整吊装设备和材料的位置，并预测吊装过程中可能遇到的问题。这样可以减少现场施工过程中的错误和延误现象，提高施工效率。

(a) 叠合梁吊装过程模拟图　　　　　　　　　(b) 叠合梁现场吊装图

图 4-13　叠合梁吊装过程模拟

(a) 叠合楼板吊装过程模拟图　　　　　　　　(b) 叠合楼板现场吊装图

图 4-14　叠合楼板吊装过程模拟

(a) 塔吊运行模拟　　　　　　　　　　　(b) 吊装现场塔吊运行图

图 4-15　塔吊运行模拟

根据吊装模拟的结果，先对存在碰撞冲突危险源的吊装方案进行调整，再进行吊装模拟，如此反复优化吊装方案直至满足安全吊装要求。构件在吊装时，存在构件定位安装、套筒灌浆链接等工艺，在进行这些工序操作时，可能出现构件无法精确定位、构件安装技术不合格等问题，而通过吊装模拟可以直观地向作业人员对吊装过程中的各工序进行技术讲解，从而将各工序的操作技术直观地展示给作业人员，提高作业人员的操作水平，避免返工和误工等。同时，通过吊装模拟也可以对此阶段中可能存在的安全问题进行预先识别，提前采取措施进行预防，提高项目的安全管理水平。

⑤ 3D 建模协作。

Fuzor 软件可以与其他 BIM 软件和协同工具集成，让团队成员在不同的软件中协作和共享信息。这样可以确保团队所有成员在同一时间、同一地点查看和更新项目信息，并更好地规划和管理预制构件吊装。

（2）BIMFILM 虚拟施工系统

它是一款利用 BIM 技术结合游戏级引擎技术，能够快速制作建设工程 BIM 施工动画的可视化工具系统，其应用主要集中在招投标技术方案和施工方案评审可视化展示、施工安全技术可视化交底、教育培训课程制作等领域。

BIMFILM 软件的应用主要是针对施工动画及装配式动画的模拟，让视觉效果更加直观。软件支持多种模式的导入，可以将 Revit、SketchUp、场布软件等导入为 BIMFILM 格式，方便操作。BIMFILM 的优势如下：

① 轻松制作施工动画（图 4-16）。

BIMFILM 内置 15 种动画形式，能够快速构建动画，内置动画（人物动画），自定义动画（动画参数化、标准化）。

图 4-16　BIMFILM 制作施工动画

② 轻松制作 4D 施工模拟动画（图 4-17）。

a. 导入 Project 快速搭建 WBS 工造分解结构；

b. 轻松关联工作节点与构件；

c. 快速定义多种生长动画类型；

d. 直观、高质量地体现项目形象及进度。

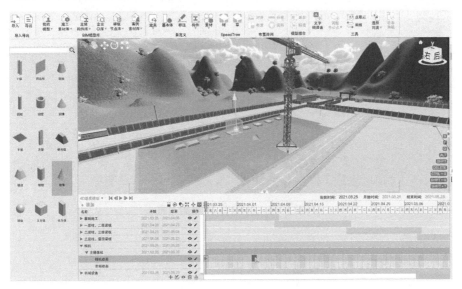

图 4-17　BIMFILM 制作 4D 模拟动画

③ 轻松构建自然环境（图 4-18）。

a. 内置 5 大类、40 多种施工地表（土地、草地、混凝土、沥青、砂石等）；

b. 内置 28 种预制天气（晴、雨、雪、雷、雾等）。

图 4-18　BIMFILM 构建自然环境

④ 实时渲染修改简单输出（图 4-19）。

a. 游戏级引擎，实时渲染、实时录制；

b. 一键输出效果图、视频、VR 视频。

图 4-19　BIMFILM 渲染效果

4.4　基于 BIM 技术的施工进度管理

施工进度管理是指对建筑施工进度进行有效的计划、监督和控制的过程，包括建筑施工工期计划编制、工期控制、进度监督和更新、工期管理报告编制等方面。施工人员通过施工进度管理可以合理安排施工作业，有效利用资源，保证建筑工程按照计划有序进行，提高施工效率和质量，控制施工成本，从而保证建筑工程的按时高质量完成。

4.4.1　BIM 技术在施工进度管理中的应用

1. BIM 技术在施工进度管理中的优势

① 信息关联度高，易于组织协调。

传统的进度计划是用横道图和网络图进行绘制的，无法反映整个工程的完整信息，难以准确描述施工过程的复杂关系。由于信息缺失导致的施工计划不完善、施工协调度较差的情况时有发生，不利于项目的进展，而利用 BIM 技术构建统一的工作环境即可使项目各参与方参与，避免了沟通障碍。

② 模拟施工，优化施工方案。

BIM 技术可进行施工进度和过程模拟，对工程的重难点进行模拟预演，提前查找和分析质量问题，对不同专业同一区域交叉流水施工进行模拟，合理安排施工顺序，简化繁杂的施工组织协调管理工作。BIM 技术结合进度网络 WBS，使每一单元工作要做什么、怎么做，工程量和资源消耗量是多少，工作顺序是什么，场地如何划分，都可以可视化、形象化地表现，可提高项目管理人员对工程内容和工程进展的可控性。

③ 优化资源，作出决策。

传统工程进度管理大多是依赖经验，很难形成规范化和精细化的管理模式。而 BIM 技术结合了工程的实际信息，通过可视化环境进行模拟优化，有利于管理者对工程中存在的材料浪费、物资采购不合理、质量缺陷、安全管理等多方面的问题进行决策，主动进行资源的优化配置。

2. 基于 BIM 技术的施工进度管理的流程与方法

（1）基于 BIM 技术的施工进度管理流程

基于 BIM 技术的施工进度管理是施工现场协调和管理的重要方法，其主要流程包括项目前期准备、进度计划制订、进度管控、实施整合和利用统计分析手段进行施工效果分析。

① 项目前期准备。

在项目规划和前期准备阶段，首先需要进行关键信息的获取与整理，包括现场环境信息、工程项目信息、技术要求、资源分配和人员要求等。同时，还要在设计阶段建立 BIM 模型并生成进度信息，确定施工模型的各项时间数据，从而生成基于 BIM 技术的施工进度模型。图 4-20 为 BIM 信息平台的整体框架。

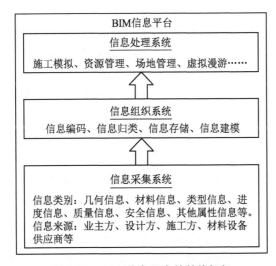

图 4-20　BIM 信息平台的整体框架

② 制订进度计划。

在制订进度计划时，首先需要对工程的建设过程和步骤进行分析和梳理，将各项任务分解为不同的阶段，并根据 BIM 模型提供的相关数据进行调整。完善的进度计划应具备科学性、合理性、稳定性和可操作性。在完成进度计划之后，需要输出施工进度图和进度表等相关文档。图 4-21 为基于 BIM 技术的施工进度模拟流程。

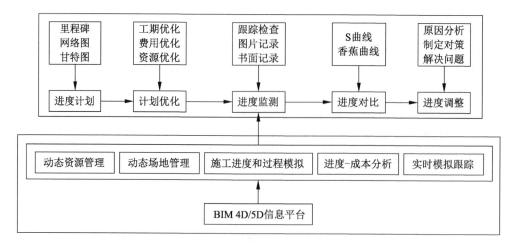

图 4-21 基于 BIM 技术的施工进度模拟流程

③ 进度管控。

进度管控是实现施工进度计划的核心工作，其主要内容包括：

a. 捕捉施工现场信息。利用 BIM 模型和物联网等技术手段，可以实现对施工现场各种数据的捕捉，包括机械设备运作情况、材料使用情况和工人出勤情况等。

b. 实时监控施工情况。通过施工现场的监控系统和 BIM 模型，可以实时监控施工现场的情况，及时发现问题并提出改进措施。

c. 数据分析与预测。通过采集的施工数据进行数据分析和预测，实现对施工进度的实时监测、评价和调整。

④ 实施整合。

在整个施工过程中，需要保持与进度计划的一致性，不断实施整合和调整。在实际施工过程中，需要根据项目的实际情况及时调整和优化策略，保证施工顺利进行，以满足项目的质量和时间要求。

⑤ 利用统计分析手段进行施工效果分析。

采取统计分析手段对施工过程中的数据进行分析，通过评估施工效果了解施工质量和成本情况。同时，通过分析不同施工策略的效果确定最佳施工方案，并寻找适合该项目的最佳施工路径。

（2）基于 BIM 的施工进度管理方法

基于 BIM 的施工进度管理方法主要包括以下几个：

① 基于工期计划的 BIM 模型构建。通过预设的进度计划完成 BIM 模型的构建，模拟各个阶段的施工进度，进而制订详细的施工计划。

② 基于 BIM 模型的施工运作协调管理。通过 BIM 模型对施工进度进行协调分析，实时跟进协调不同设备的运作进度和位置，通过协调运作进度优化施工进度和资源分配。

③ 基于施工进度信息的实时监测分析。通过建立大数据监测网络，实时采集 BIM 模型施工进度数据，结合传感器技术进行数据搜集和运算分析，实现对施工进度信息的

实时监测和分析，及时发现问题，在施工过程中帮助管理人员快速定位问题并采取相应的措施，避免延误工期和出现质量问题。

④ 基于 BIM 模型的技术应用。采用 BIM 模型进行施工协作管理，将进度信息和施工计划在 BIM 模型上进行集成，实现对施工过程的跟踪和监控，从而帮助管理人员更好地把控施工进度。

⑤ 基于决策支持系统的决策分析。利用决策支持系统和数据模型分析技术，对施工进度管理过程进行统计分析，从而提供更加准确的数据支持，帮助管理人员更好地决策，优化施工进度规划和布局。

基于 BIM 的施工进度管理在建筑业的应用越来越广泛，已成为现代化建筑施工的一种重要手段和管理方法。通过建立科学合理的施工进度计划，充分利用 BIM 模型的协调管理、监测分析和决策支持等特点，可以实现对施工进度的科学控制和精细管理。这种新型的施工进度管理方法可以帮助管理人员更好地协调管理，提高管理效率和施工品质，推动建筑行业的进步和发展。

3. 施工进度管理中常用 BIM 软件介绍

（1）Innovaya Visual 4D Simulation

Innovaya Visual 4D Simulation 是一款功能强大的建筑和工程项目施工进度模拟软件。这款软件可以将 2D 图纸和项目计划相结合，生成准确的可视化模拟结果。用户可以使用这款软件来了解预期的施工进度和顺序，以及优化实际进度和资源分配。

Innovaya Visual 4D Simulation 的主要功能包括以下几个方面：

① 模拟施工进度。Innovaya Visual 4D Simulation 可以用来模拟建筑和工程项目的施工进度。用户可以用它来创建建筑模型，将其与项目计划集成。然后，软件将基于用户定义的任务和时间表自动计算施工进度，并生成相应的可视化模拟结果。

② 可视化模拟。Innovaya Visual 4D Simulation 可以生成可视化模拟结果，以呈现用户预期的施工进度和顺序。用户可以通过动态演示、进度颜色编码、进度条等方式了解模拟结果。

③ 优化资源分配。Innovaya Visual 4D Smulation 可以帮助用户优化资源分配，让其更好地了解整个项目的需求。通过达成既定目标，用户可以考虑如何改进施工流程及资源分配，从而提高施工效率并降低成本。

④ 与 BIM 软件集成。Innovaya Visual 4D Simulation 可以与其他 BIM 软件集成，从而提供更加准确、高效的施工管理解决方案。用户可以将 BIM 插入软件中，然后利用这款软件来生成项目计划和模拟结果。

Innovaya Visual 4D Simulation 是一款非常有用的软件，可以帮助用户更好地了解建筑和工程项目的施工进度，以及优化项目资源分配。使用这款软件可以大大提高项目的施工效率并降低成本。

（2）Navisworks Management TimeLiner

Navisworks Management TimeLiner 是 Autodesk 公司 Navisworks 产品中的一款工具插件。利用 TimeLiner 工具可以进行工程项目四维进度模拟，它支持用户从各种传统进度计划编制软件工具中导入进度进化，并将模型中的对象与进度中的任务连接，创建四维进度模拟，用户即可看到进度实施在模型上的表现，并比较施工计划日期与实际日期。TimeLiner 还能将模拟的结果导出为图像和动画。如果模型或进度更改，TimeLiner 将自动更新模拟。TimeLiner 可以方便地与 Navisworks Management 的其他工具插件集成使用。

（3）鲁班进度计划

鲁班进度计划是首款基于 BIM 技术的项目进度管理软件，其通过 BIM 技术将工程项目进度管理与 BIM 模型相结合，革新了工程进度管理模式。鲁班进度计划的优势如下：

① 进度计划云存储。

随着互联网技术的普及，数据的存储和携带方式发生了革命性的变化。工作人员不再需要随身携带数据存储设备（U 盘等），可以随时随地通过网络快速获得数据信息。将云存储技术应用到基于 BIM 技术的施工进度管理软件中，不但提高了进度管理的便携性，也依靠集中的服务器管理大大加强了数据的安全性。

② 进度节点提醒。

区别于其他进度计划编制软件的"只编制不监管"的特点，鲁班进度计划会比较当前日期和进度计划中任务的计划结束日期，对即将到期的任务或者到期未完成的任务进行提醒（右下角弹框），为进度节点控制提供人性化工具，让"进度计划"不再成为一纸空文，并对提醒进行快速处理（完成或忽略），对提醒条件进行配置。

③ 利用 BIM 技术动态化和可视化展示施工进度。

利用鲁班进度计划软件将进度计划数据与 BIM 模型关联后，施工进度计划动态化和可视化展示就成为可能，其带来的变革将是前所未有的。在施工开始前就可以利用可视化的 BIM 模型对施工进度计划的合理性进行验证，施工过程中不再需要全景拍摄，通过 BIM 模型就可以实时反映全局施工进度。

④ 快速方便地建立进度计划与 BIM 模型的关联。

建立进度计划与 BIM 模型的关联是利用 BIM 技术进行进度管理的第一步，也是最重要的一步。快速方便地建立进度计划与 BIM 模型的关联是未来所有施工编制人员最基础也是最迫切的需求。鲁班进度计划在精确建立进度计划与 BIM 模型关联的基础上，还需要兼顾使用时的易操作性，避免过于复杂的操作导致降低 BIM 施工进度管理软件的实用性。

4.4.2 鲁班系列软件 BIM 技术在施工进度管理中的应用

1. 碰撞检测

鲁班软件可以通过生成的碰撞检测报告（图 4-22），整理分析存在的碰撞问题，指导施工进程，减少不必要的返工。

图 4-22　鲁班软件用于碰撞检测

2. 可视化模拟

① 鲁班软件可以进行总体施工计划模拟，通过模拟施工的工作过程，形象地展示各施工队的未来工作成果，如图 4-23 所示。

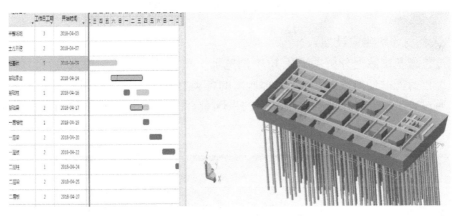

图 4-23　鲁班软件用于总体施工计划模拟

② 鲁班软件可以进行专项施工方案模拟（图 4-24），用动画展示所有流程后，可直观地反映各工序的顺序及工序之间的空间碰撞关系，在编制施工方案时起到辅助作用。

图 4-24　鲁班软件用于专项施工方案模拟

3. 计划进度与实际进度的对比

BIM 技术最大的优势在于信息的传递与存储，能及时地了解现场的实际工作情况，并对实际进度与计划进行对比分析，生成进度对比图。项目经理可以及时调阅 BIM 模型中的各项信息，结合项目现场的资源人员分配的实际情况，决定是否对进行中的计划作出调整。图 4-25 为鲁班软件用于进度对比。

计划时间			实际时间			2018年04月
日工期	开始时间	结束时间	工作日工期	开始时间	结束时间	1 2 3 4 5 6 7 8 9 10 11 12 13 14 15 16 17 18 19 日 一 二 三 四 五 六 日 一 二 三 四 五 六 日 一 二 三 四
3	2018-04-03	2018-04-06	3	2018-04-03	2018-04-06	
2	2018-04-07	2018-04-09	3	2018-04-07	2018-04-10	
5	2018-04-09	2018-04-14	5	2018-04-10	2018-04-15	
2	2018-04-14	2018-04-16	4	2018-04-15	2018-04-19	
1	2018-04-16	2018-04-17	2	2018-04-18	2018-04-20	
2	2018-04-17	2018-04-19	1	2018-04-19	2018-04-20	

图 4-25　鲁班软件用于进度对比

4. 人、材、机供应计划

通过鲁班基础数据分析系统及 BIM 浏览器，项目及公司各岗位人员可以随时随地调取到工程所需的任何数据，如项目部所需的各类材料，尤其是钢筋、模板、混凝土等主材，通过鲁班软件可以严格控制它们的采购量。图 4-26 为鲁班软件用于主材采购管理的示例。

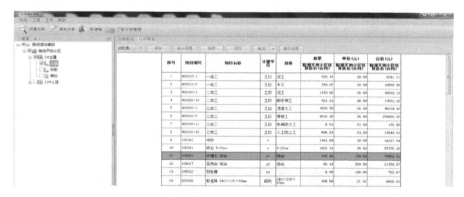

图 4-26　鲁班软件用于主材采购管理的示例

4.5　基于 BIM 技术的工程造价管理

4.5.1　工程造价管理概述

1. 传统工程造价管理存在的不足

传统工程造价管理主要以手动的方式进行数据录入和维护为主，缺乏以模型为基础的全流程数字化管理方式，存在如下不足。

（1）数据准确性不高

传统工程造价管理往往需要进行大量的手动数据录入和维护，这会给数据的准确性带来一定的风险。手动操作容易出现数据输入错误等人为因素引起的误差，从而影响工程造价的精确度。

（2）数据管理效率低

传统的工程造价管理方式需要进行大量的人工数据录入和管理，这使得数据管理效率低，给建筑公司带来了很大的负担，同时，也使得成本控制和管理面临较大的挑战。

（3）信息共享和沟通不畅

由于传统的工程造价管理方式缺乏数字化模型基础，因此很难实现实时信息共享和协同沟通，这使得项目团队难以准确掌握项目进展和成本控制情况，增加了项目变更和纠错的难度。

2. BIM 进行工程造价管理的应用价值

（1）提供精确的工程造价

BIM 技术将建筑设计、施工、运营等全过程纳入其中，可以将建筑模型与工程数量、工程造价等数据相融合，实现了各领域的无缝衔接。因此，将 BIM 技术用于工程造价管理可以使建筑项目所需的资金预算、成本估算、物料采购等关键数据得到集中管理。与传统的工程造价管理方式相比，这种方法的精确度更高，减少了人为误差。

（2）优化工程进度

通过 BIM 技术，建筑项目的各项数据可以实现实时更新和共享。工程进度、物料采购、建筑质量等信息得到有效协同，可以实现准确的排期和进度管理。因此，BIM 技术用于工程造价管理可以帮助建筑公司更好地管控工程进度和工期，保证项目按时按质完成，避免延误工期和额外的支出。

（3）降低建筑成本

BIM 技术将整个建筑项目的数据信息整合在一起，不仅提高了数据的准确性和精确性，而且提升了数据的可视化程度，为建筑项目的决策和管理提供了更多可靠的依据。因此，通过 BIM 技术进行工程造价管理在数据管理和决策制定方面具有更高的准确性和效率，有助于降低建筑成本。

3. 基于 BIM 的工程造价管理的流程框架

（1）前期策划

前期策划阶段是 BIM 技术用于工程造价管理的重要阶段。在这个阶段，项目团队需要搜集资料（包括设计文件、合同文件、相关标准等）并对其进行分析，将其纳入BIM 模型中，评估每个组件的造价，并提出合理的预算方案。

（2）设计过程

在设计过程中，BIM 技术用于工程造价管理可以将设计文件和成本变化信息相融合进行模拟分析，以确定在设计过程中需要进行的调整和预算调整，从而保持成本阈值。此外，设计文件的多维度呈现也有助于建筑方找寻最优解决方案。

（3）施工过程

在施工过程中，BIM 技术用于工程造价管理可以对成本变更数据和实际施工信息进行实时同步监测和调整。BIM 技术可以实现数字化模拟、提高效率、降低成本、减小误差，确保施工过程的高效性和准确性。

（4）投资回报分析

在建筑项目完成后，BIM 技术用于工程造价管理可以进行投资回报分析，包括用途、地点、结构等方面的反馈。通过 BIM 技术，建筑公司可以比较不同场景下的收益和成本，从长远利益、质量等方面进行全方位的分析，更好地了解项目的投资回报率、利润率、现金流等财务指标，制定更加准确的业务决策。

（5）建设运营

建设运营阶段是一个建筑项目管理中比较重要的环节，这个阶段需要工程造价管理和以往不同的思考方式。BIM 技术用于工程造价管理可以为这个阶段提供数字化管理方式，实时进行成本识别、成本控制和资产管理。同时，BIM 技术还可以连接建筑设施的物联网，大大提高建筑管理的效率和准确性。

BIM 技术用于工程造价管理是一种高效、准确和数字化的工程造价管理方式。其通过数字化模型基础实现了全流程数字化管理，提高了数据准确性、管理效率、信息共享和沟通的迅速性。在建筑行业的数字化转型中，BIM 技术用于工程造价管理将发挥越来越重要的作用。建筑公司应该积极采用并深入推广 BIM 技术，从传统工程造价管理方式的缺陷中总结经验教训，不断优化工作流程和提升管理效率，推动建筑行业的数字化转型。

4.5.2　BIM 技术在工程造价管理中的应用

1. 变更管理

（1）BIM 技术在工程造价过程控制中的变更管理的优势

① 变更快速体现：在传统的工程造价过程中，变更一般需要耗费大量时间，需要进行多次测量和组织工作。使用 BIM 技术在几分钟之内就能体现变更，并且能够以高度可视化的方式显示变更的效果，响应速度非常快。

② 数据的准确性和实时性：基于 BIM 技术的工程造价过程控制中的变更管理可以增加精度并保持实时性，从而促使财务规划、天窗评估、变更管理等过程更加高效。使用 BIM 技术可以实现经济、精度和可视化三者的平衡，更加准确地提供现场信息，增强变更管理数据的严谨性。

③ 沟通和透明度：利用 BIM 模型和相关数据，各方可以更容易地实现沟通和透明度。通过 3D 模型，各方能够更快捷可视化变更，减少误解并与客户和合作伙伴保持共同的焦点。

④ 自动化计算：在基于 BIM 技术的工程造价过程控制中，有很多计算过程可以自动化处理。例如，当变更产生之后，BIM 模型可以自动实施预算统计与额外费用计算，这可以提高结果的准确性和计算效率，同时减少计算时间和降低计算成本。

⑤ 高效的数据搜集：BIM 技术可以帮助工程团队快速搜集各种数据，例如，建筑元素的变化、变更的定位信息、建筑元素的属性和规格等信息，从而更加快速并准确地展开变更管理。

（2）BIM 技术在工程造价过程控制中变更管理的应用

① 基于 BIM 模型的规划效果图自动变更新。

规划效果图是设计师和建设团队之间进行信息共享和沟通的重要工具。当出现设计变更时，需要对规划效果图进行相应的修改，然而传统的方式需要在 2D 图纸上进行修改，较为烦琐且不够准确。利用 BIM 技术可以在 3D 模型中进行设计变更并自动更新规划效果图，一旦变更发生，规划效果图就可以自动更新，从而避免对文档进行多次改动。

② BIM 模型中的变更管理。

在 BIM 模型中进行变更管理是一种高效实现工程的成本控制和风险管理的方式。BIM 技术可以让设计团队更加准确地了解变更对工程造价的影响，并及时纠正，从而避免一些典型的问题，如超时和成本超出预算等。在 BIM 模型中进行变更管理的步骤如下：

a. 创建 BIM 模型。设计团队首先要创建 BIM 模型，包含建筑元素的详细信息。

b. 变更识别。团队要识别哪些部分需要变更，并在 BIM 模型中和相关方沟通变更的详细信息。

c. 变更评估。设计团队需要评估变更对工程和工程造价的影响，并与所有相关方进行沟通。

d. 变更管理流程。在 BIM 模型中，团队可以使用自定义工作流程来跟踪和管理变更的状态，这样就可以更加高效地处理变更，缩短时间并降低成本。

e. 暂存变更。在 BIM 模型中，可以暂存变更以后再进行处理，这有助于提高变更管理的可控性和灵活性。

f. 自动化数据分析。BIM 技术可以提供自动化的数据分析，例如成本估算和工程进度等。这些分析可以在变更管理流程中被使用。

2. 计量支付

在传统的造价模式下，建筑信息基于 2D-CAD 图纸建立，工程进度、预算、变更等基础数据分散在工程、预算、技术等不同的管理人员手中。在进度款申请时很难形成数据的统一和对接，导致工程进度计量工作延后，工程进度款的申请和支付结算工作繁重，影响其他管理工作的时间投入。因此，在当前的工程进度款结算中，业主与施工方之间的进度款争议时有发生，增加了项目管理的风险。

BIM 5D 将进度、造价信息与模型进行关联，根据所涉及的时间段自动统计该时间段内的工程量汇总，及时更新项目变更信息，形成进度造价文件，为工程进度计量和支付工作提供技术支持，有利于避免双方产生争执，快速完成进度款计量支付。

BIM 技术在工程造价过程控制中的计量支付方面有以下优势：

① 实时数据跟踪。BIM 技术可以在施工现场实时跟踪计量数据，以确保付款正确、及时，并避免过多手工干预所带来的可能的错误和纰漏。

② 数据准确性。BIM 技术可以精确地获取建筑结构的参数和特征，从而准确计算每个部分的材料用量，更好地评估工程成本，有效避免计量支付问题带来的误差和问题。

③ 自动化计量。BIM 技术可以自动计算和记录材料领用和使用量，并自动完成计量支付的相应工作。与传统计量支付相比，BIM 技术可以节省大量的人力，降低成本。

④ 可视化效果。BIM 技术通过可视化效果，让客户和所有参与者理解计量支付的流程和结果，并避免出现计量支付的纠纷。

⑤ 坚实建模。在 BIM 技术中，所有的建筑元素和工程细节都可以通过高质量的三维建模展示在工程造价过程控制中。这使得每个部分在计量支付过程中获得了更加高效率的处理。

工程施工消耗的材料费用大多数占工程造价的一半以上。基于 BIM 技术的建筑信息模型集成工程图纸等详细的工程信息资料，可以准确分析工程量数据，再结合相应的定额或消耗量分析系统，可确定不同构件、流水段、时间节点的材料计划和目标结果。

结合 BIM 技术，施工单位可以解决目前限额领料中存在的问题，审核人员根据 BIM 中类似项目的历史数据，通过 BIM 多维模拟施工计算，可以快速获得任意部分工作的消耗量，然后核实报送的领料单上的材料消耗量的合理性，最后配发材料。通过 BIM 技术，施工单位可以优化材料采购计划、进场计划、消耗控制的流程，并且实现精确控制，同时也可以对材料计划、采购、出入库等进行有效管控，实现限额领料的目的。

3. 组价管理

组价就是在给出的工程量清单的基础上，根据清单的项目特征，正确套用清单上所包括的项目定额，然后用施工图计算出来的工程量乘以定额单价，计算出合价，再把清单下所有的项目计算出来的合价加起来，除以清单工程量，组成清单工程量的单价，然后进行取费，形成工程量清单的综合单价。

BIM 技术在组价方面有以下优势：

（1）智能量取和数量计算

BIM 技术可以通过对建筑模型进行智能分析和测量，自动提取各项工程量，如墙体、门窗、结构等的数量和规格信息，减少了手动量取的工作量，并大幅提高了准确性。BIM 技术还可以根据对象的属性和规则自动进行数量计算，根据定义的工艺和施工规范进行智能的定额计算。

（2）材料定额管理与库存控制

BIM 技术可以结合材料数据库和定额库为材料管理和库存控制提供帮助。通过在建模过程中设置材料参数和成本信息，可以自动计算材料的数量和费用，并与材料库进行关联，实时更新材料的库存和价格信息。这使得项目团队可以更加精确地进行材料概算和成本控制。

（3）成本分析与优化

BIM 模型与成本数据的关联使得在设计过程中对材料、构件等要素进行调整时，可以实时更新相关的成本数据。通过 BIM 软件进行成本分析，项目团队可以预测和评估设计变更对成本的影响，并进行成本优化和决策。

（4）进度和成本的集成管理

通过 BIM 技术，可以将建筑模型与项目计划和进度管理系统集成。模型的构建和分析可以为进度管理提供数据支持。BIM 模型可以与项目的工期计划关联，在建模过程中设置施工进度、工期等参数，从而实现对工期进度和工程量完成情况的跟踪和分析。这使得项目团队可以更好地进行进度和成本控制，实现项目的精细化管理。

（5）可视化成本报表和图表

BIM 技术可以生成可视化的成本报表和图表，能直观地展现项目的成本信息。这些报表基于建模过程中的成本数据和计算结果，以图表、表格或 3D 模型的形式呈现出来。这样的可视化报表和图表有助于项目团队和利益相关者更好地理解项目的成本情况，便于进行成本评估、风险分析和决策。

（6）前期投资决策支持

BIM 技术可以在项目的前期投资决策中提供支持。通过模型的构建和分析，可以进行初步的成本估算和风险评估，对不同设计方案的造价进行对比和优化。这有助于项目所有者或投资者在投资决策阶段做出更明智的选择，降低项目的经济风险。

（7）数据管理和决策支持

BIM 技术可以实现对建筑项目数据的集中管理和决策支持。通过建立 BIM 模型和关联的数据库，可以存储和管理项目相关的各类数据，如工程量、成本、进度、质量等。这使得项目团队可以更好地进行数据的分析和决策支持，提高决策的准确性和决策效率。

总体来说，BIM 技术在组价中的应用涵盖了智能量取和数量计算、材料定额管理、成本分析和优化、进度和成本的集成管理、可视化报表和图表、前期投资决策支持等方面。通过 BIM 技术的应用，能够提高项目的成本控制能力、优化设计和决策，实现精细化管理和可持续发展。

4. 结算管理

结算管理是造价管理的最后一个环节，涉及的业务内容覆盖了整个建造过程，包括从合同签订到竣工过程中关于设计、预算、施工生产和造价管理等方面的信息。结算管理存在以下难点：

① 依据多。结算涉及合同报价文件，施工过程中形成签证、变更、暂估材料认价等各种相关业务依据和资料，以及工程会议纪要等相关文件。特别是变更签证，一般项目变更率在 20% 以上，施工过程中各方产生的结算单据数量成百上千。

② 计算多。施工过程中的结算工作涉及月度、季度造价汇总计算，报送、审核、复审造价计算，以及项目部、公司、甲方等不同维度的造价统计计算。

③ 汇总多。结算时除了需要编制各种汇总表，还需要编制设计变更、工程洽商、工程签证等分类汇总表，以及分类材料（如钢筋、商品混凝土等）分期价差调整明细表。

④ 管理难。结算工作涉及成百上千的计价文件、变更单、会议纪要的管理，业务量和数据量大导致结算管理难度高，变更、签证等业务参与方多，步骤多，结算工作困难。

基于 BIM 的工程造价过程控制中的结算管理具有以下优势：

① 提高结算数据的精度和准确性。BIM 技术可以准确地计算和记录每项工作的细节和工程量，从而更加准确地计算和管理结算数据。

② 提供全方位支持。BIM 技术的应用可以在各个阶段提供全方位支持，包括工程造价预算、成本控制和项目结算等。

③ 坚实建模。建筑总体建模可以被用于提供更加准确的测量工具，从而使结算数据更加精确；同时，BIM 技术中的结构分析工具和工具箱可实现快速测量和计算。

④ 透明管理。BIM 技术的应用可以促进信息的沟通和共享，从而对结算管理提供更加透明和可靠的支持。在整个结算管理过程中，可以对供应商、承建商、客户和工程人员进行实时的交流和管理。

5. 常用的 BIM 工程造价管理软件介绍

（1）广联达 BIM 造价软件

基于广联达的造价软件，用户能够更好地管理工程项目的成本和资金，实现预算控制和阶段性支付管理。该软件提供多样、直观的可视化界面，支持多种造价计算模型，并且具有智能化的预测和规划功能。同时，广联达 BIM 造价软件还具备数据管理和可视化分析功能，可以帮助用户进行实时的数据洞察和分析，及时发现和解决问题，提高管理效率和准确性。总体来说，广联达的工程造价软件是一个功能全面、实用性强、灵活性强的专业软件，可以为广大用户提供有效的工程造价控制和管理工具。图 4-27 所示为广联达 BIM 土建计量平台 GTJ2021 的界面。

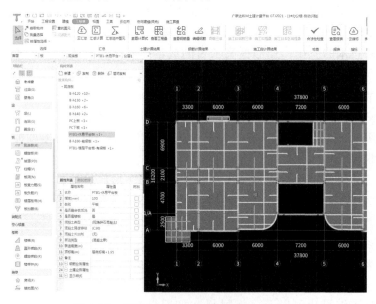

图 4-27　广联达 BIM 土建计量平台 GTJ2021

（2）斯维尔 BIM 造价软件

斯维尔是一家专业的建设项目管理和信息技术服务公司，建立了强大的研发团队，致力于为客户提供全面的工程造价咨询服务和最佳的解决方案。该公司开发的建筑工程造价软件可针对不同类型的工程项目提供准确的预算管理和成本控制。软件包括成本分析、预算编制、成本控制、支付管理和结算管理等多种模块，能够实现成本控制、工期控制和质量控制的全过程管理，进一步提高项目的成本效益和整体效率。斯维尔的工程造价软件使用现代化的信息技术，包括人工智能、大数据、云计算等技术，为客户提供准确、快速的决策支持。其软件具有灵活性、易用性、完整性和稳定性的特点，是一个完美契合了用户需求的工程造价软件。图 4-28 所示为斯维尔 BIM 三维算量 2019 的工作界面。

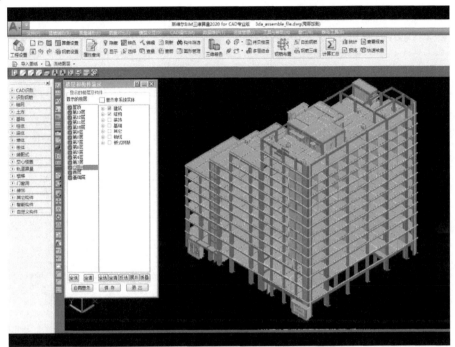

图 4-28　斯维尔 BIM 三维算量 2019 工作界面

（3）鲁班工程造价软件

鲁班造价功能特色如下：

① 基于 BIM 四维工程量和造价视图。

a. 国内首款图形可视化造价产品。

b. 完全兼容鲁班算量工程文件。

c. 生成工程形象进度预算书，按进度反映材料使用情况。

② 强大的实时远程数据库支持。

a. 实物量计算数据网络调用。

b. "鲁班通" 等价格数据库远程支持。

c. 企业定额库及造价指标网络远程支持。

③ 全过程造价管理。

a. 可对投标书、进度审核预算书、结算书进行统一管理，并形成数据对比。

b. 提供施工合同、支付凭证、施工变更等工程附件管理。

c. 成本测算、招投标、签证管理、支付等全过程管理云应用。

④ 项目群管理。

a. 对标段、单项工程、单位工程进行统一管理。

b. 支持多个工地同时管理。

⑤ 云应用。

a. 云智能推送清单定额库、市场价、工程模板、取费模板。

b. 可调用云价格库中的市场价。

c. 更多工程模板可直接通过云应用下载。

图 4-29 所示为鲁班钢筋 2015 的工作界面。

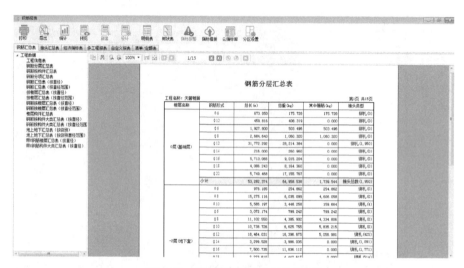

图 4-29 鲁班钢筋 2015 工作界面

表 4-2 为不同的 BIM 造价软件对比分析。

表 4-2 不同的 BIM 造价软件对比分析

功能对比	造价软件		
	广联达	斯维尔	鲁班
软件安装方面	较简单	一般	一般
安全评价方面	不会主动检测，只有计价软件可加密	自动加密，数据维护备份与恢复功能好，云应用	恢复数据功能强
功能适用性方面	可以对招标清单进行自检	可以实现各种计价方式且能灵活转换	云应用，反查功能
数据处理方面	操作简单，效率高	块操作，同时能简化工作量，节约成本	集合了云应用功能，数据更新效率很高
软件可使用方面	虽然界面简单，但功能分区不明确	可以实现多任务切换功能	联机求助功能
操作流程方面	有自己的开发平台，建模快捷	定额库下载与更新，生成审计报表	定额库更新，拥有较强大的项目管理优势

4.5.3　广联达 BIM 软件在工程造价中的应用

1. 钢筋用量自动计算

在工程的预算中，工程量计算要格外准确。结构构件自身存在复杂性，导致钢筋工作量计算需要花费更多时间。在不同构件中，钢筋锚固、搭接计算及钢筋保护厚度不同，另外型号及规格不一样的钢筋需要分类计算工程量。这就使得计算更加烦琐，并出现了一些重复工作的状况。广联达计算软件应用到工程造价当中，实现了钢筋算量的电算化。将需要绘制的图形导入钢筋算量的软件内，不必重新定义各个构件，只需要根据设计意图对各个构件的钢筋进行定义，并对计算进行汇总。该软件将对不同界面的钢筋量进行自动计算，进而提高钢筋量计算的质量及工作效率。

2. 图形自动算量

在项目预算过程中，计算工程量是非常重要的。这个工程量计算占所有预算工程的60%以上。在这个阶段，工程造价人员需要花费大量时间。工程量计算速度直接影响着工程预算书的编制进度。图形自动计算工程量是需要造价人员按照有关建筑图纸、基础图及结构图等建立模型。在建模的过程中对各个构件进行定义，并且选取配套定额。软件将对工程量进行自动计算，并可以生成各种工程量报表，有着较高的计算效率。准确的计算可以大大降低手工计算工程量的工作压力。广联达的绘图软件在易用性及实用性方面有较大改善。它可以将定额及工程量直接导出到广联达软件当中，有助于工程造价人员在软件当中进行补充和完善。

3. 工程造价工程量的计算

当前市场上，工程量计算的软件分为两大类，一类是软件自动图形算量，一类是软件表格法的算量。

① 软件的自动图形算量。这种方法利用计算规则，通过模型建立的位置来确定。除此之外，在软件当中录入与算量关联的构件数据，并选择配套定额等。软件通过默认计算规则，计算得出构件工程量，并自动汇总工程量，最终得到工程量的清单。这种方法简化了算量的输入，提升了算量的工作效率，是目前最有发展前景的一种方法。

② 软件表格法的算量。常用的方法是在软件当中需要输入算量的计算公式，程序将自动进行汇总计算并形成报表，最后将其打印出来即可。这种方法实际上是对用户手工算量方法的一种改进和扩展。算量公式由用户完全输入软件当中。重要的是，这种方法的计算思路和用户的操作习惯相吻合。该软件的应用要求较低，比较容易上手，对手工算量进行了较大的改善。但是，这种方法存在一些不足，用户需要一边看图纸一边将数据输入计算机当中，同时还需要将扣减关系考虑进去，并且必须将每一个构件的工程量计算公式罗列进去，计算比较复杂。

由此可以看出，表格法算量的缺点促使自动算法软件不断改进。

4. 在组价中的应用

① 自动量取。广联达的 BIM 软件可以对建筑模型进行智能分析和测量，自动提取各项工程量，如墙体、门窗、结构等的数量和规格信息。这大大减少了手动量取的工作量，并提高了准确性。

② 工程量计算。基于建筑模型和材料定额库，广联达的软件可以自动计算工程量。通过设置材料参数、应用定额数据，BIM 软件可以快速准确地计算材料的数量和费用，有助于进行精细化的材料概算和成本控制。

③ 材料管理与库存控制。广联达的 BIM 软件可以与材料管理系统集成，实现对材料的管理和对库存的控制。建模过程中设置材料参数和成本信息，可以实时更新材料的数量和价格，帮助项目团队进行材料的合理调配和库存管理。

④ 成本分析与优化。通过广联达的 BIM 软件，可以将建筑模型与成本数据关联起来，实现实时的成本分析和优化。在设计过程中，对材料、构件等要素进行调整，软件会自动更新相应的成本数据，帮助项目团队进行成本控制和优化决策。

⑤ 可视化成本报表。广联达的 BIM 软件可以生成可视化的成本报表和图表，直观地呈现建筑项目的成本信息。这有助于项目团队和利益相关者更好地理解项目的成本情况，进行成本评估和决策。

广联达的 BIM 软件在组价中的应用涵盖了自动量取、工程量计算、材料管理、成本分析和可视化报表等方面。这些功能有助于提高组价的准确性、效率和可视化程度，帮助项目团队进行更精细化的成本控制和决策。

本章练习题

一、选择题

1. BIM 5D 是在 4D 建筑信息模型的基础上，融入（   ）的信息。

A. 成本造价　　　　B. 合同成本　　　　C. 项目团队　　　　D. 质量控制

2. 施工单位可以使用（   ）软件进行施工总工期与施工进度模拟。

A. Navisworks　　　B. Microsoft Office　　　C. AutoCAD　　　D. Ecotect

二、思考题

1. 为什么要提前应用 BIM 技术做好场地布置？

2. 简述如何利用 BIM 技术进行场地布置。

3. 简述 BIM 技术在施工工序模拟中的优势。

4. 简述基于 BIM 技术的施工进度管理应用流程。

5. 简述常用造价软件的类型，并做简单的对比。

6. 某工程高 668 m，总建筑面积 80 万 m²，地下 6 层，地上 120 层。现通过 BIM 技术对其进行全生命周期全过程管理协同管理。其中在该项目的 BIM 应用点主要有：深化设计、进度管理、预算管理、工作面管理、场地管理、碰撞检查、工程量计算、图纸管理、合同管理、劳务管理。

（1）题目中所述应用点中属于基于 BIM 技术的成本管理有哪些？

（2）结合目前国内外 BIM 的发展情况，本项目的 BIM 应用挑战主要有哪些？

（3）为了能够实现以上 BIM 应用点的协同工作，需制订相应的 BIM 应用方案，请简述你认为合理的 BIM 应用实施方案。

（4）BIM 技术在造价管理上的应用一般主要体现在哪些方面？

第 5 章　BIM 技术在运维管理阶段的应用

运维管理在国际上称为设施管理（facility management，FM），这个概念是由美国的 Ross Perot 于 20 世纪 60 年代首次提出的，Ross Perot 将 FM 定义为基于计算机技术的系统管理和网络设备的管理。它是为实现最高管理层制定的发展战略，以最有效、经济的方式制定设施发展规划并确保该规划彻底实施的一种管理模式。运维阶段作为建设阶段的延伸，在建筑基础设施的全生命周期中将持续很长时间。建筑运维周期占全生命周期的 80%~90%。运维数据是实现运维科学管理的基石。

传统的工程运维存在缺乏有效的运维工具和数据治理体系等诸多问题，而在工程运维管理中引入 BIM 技术可以有效降低成本并实现投资收益最大化。运维管理的本质就是对数据的运营和维护，BIM 模型在运维管理中的应用是将数据再利用和组织管理的一个过程，而 BIM 运维管理的运维数据绝大部分来源于 BIM 模型。因此，准确且无数据冗余的 BIM 模型是 BIM 精准运维管理的先决条件，BIM 模型的质量直接决定了 BIM 运维管理的质量。以结合 BIM 技术的数字孪生为核心，进行三维可视化智能运维集成系统设计，通过运维平台实现全生命周期的数据集成，做到设计、施工、运维阶段有迹可循。利用 BIM 模型的可视化和集成化特点，实现智能运维的信息共享、系统联动、集成展示、快速决策。基于 BIM 技术可视化应用场景对设备位置进行准确定位，通过数据整合和交互实现协同化管理，集合物联网数据的智能化分析辅助决策，有利于提高效率、准确性，系统资源消耗少。在价值效益方面，新的 BIM 技术手段有效提高了运营维护的人效比和物业管理质量，降低了运营成本；可视化的运营场景结合算法的监测预警对设备运行策略、能源消耗情况进行分析、优化，实现了低碳环保、节约能源的目标。图 5-1 为 BIM 技术在工程运维管理方面的应用实例。

BIM 技术在运行维护阶段的应用主要体现在以下 4 个方面：

① 提高工程项目运行维护的管理水平和效率，实现智慧绿色管理。建立基于 BIM 模型的运维管理平台，进行项目整体的运维与管理。在实际运维管理过程中，将建筑的空间信息与物联网应用、物业管理数据信息相结合，形成运维平台，实时监控建筑的重要数据与信息，协助管理人员的日常工作。

② 提高设备资产整体监测与控制能力，降低能耗与运维成本。BIM 运维管理对设备进行集中监控与数据存储，从而提高管理人员的工作效率与及时性，对工程建筑内部的各个子系统，如楼宇自控系统、智能照明系统、电梯监控系统、能耗监测、消防监测等，进行统一的集成与管理。同时，平台自动汇总统计各子系统的实时数据，多维度分

析各阶段、各区域的能耗情况，为企业节能减排提供有效的辅助决策，降低企业的运维成本。

③ 增强用户的体验感。BIM 技术使工程建筑相关信息更加直观，通过模型可以快速定位其想要的信息，增强用户的体验感。

④ 提升对外展示能力。平台基于 VR 技术根据建筑实际的精装修效果对 BIM 模型进行渲染，使之能够与建筑现场的精装修效果保持一致。用户通过渲染后的建筑模型可以了解当前建筑的运行状态及基本情况。佩戴相应的 VR 穿戴设备后，可以进行建筑内部的漫游。

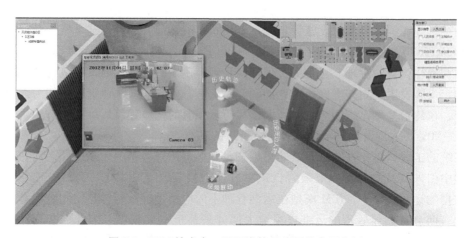

图 5-1　BIM 技术在工程运维管理方面的应用实例

5.1　基于 BIM 技术的物业设备设施管理

1. 物业设备设施管理的概念

物业管理指受物业所有人的委托，依据物业管理委托合同，对物业所属建筑物、构筑物及其设备，市政公用设施、绿化、卫生、交通、治安和环境容貌等管理项目进行维护、修缮和整治，并对物业所有人和使用人提供综合性的有偿服务。一般意义上的物业设施与设备包括建筑给排水、采暖通风与空调，以及建筑电气设备。传统的物业设备管理侧重于现场管理，主要是在物业管理过程中对上述水暖电设备进行维护与保养，以各种设备能够正常运行作为工作目标，着眼于有故障的设备，具有"维持"的特点。但随着网络技术的运用和建筑智能化建设的推进，信息化的现代建筑设备更快地进入各种建筑，使物业管理范围内的设备设施形成庞大而复杂的系统，各项传统产业的业务也因结合了信息技术而发生很大的变化。物业设备设施营运过程中的成本花费占物业管理成本的比重越来越大，"维持"水平上的管理已越来越不适应物业管理智能化、信息化的需要。

2. BIM 技术在物业设备设施管理中的应用

BIM 技术存储展示建筑物内部结构信息，三维实景展示建筑物外部环境信息，把微观领域的 BIM 信息和宏观领域的空间信息进行交换和相互操作，就可以实现查询与分析空间信息的目的。另外，BIM 可借助物联网技术通过信息传感设备将建筑内的设施设备与网络相连，进行信息交换与通信，以实现对设施设备的智能化定位、跟踪及监管。

利用传统的二维数据将物业管理区域与各类物业信息进行关联时，数据虽然很全面，但是不够直观，对非专业人士来说比较抽象。实景三维能更全面、直观、真实地反映建筑物形状和地面的纹理及环境信息。大楼的实景三维模型可以反映大楼内部及周边的真实情况，如图 5-2 所示。在遇突发情况需要决策者根据楼内实际情况做出决策时，三维可视化技术就能发挥其真实、直观的作用，从而帮助决策者准确、快速地做出判断。

图 5-2　大楼的实景三维模型

利用 BIM 模型优越的可视化 3D 空间展现能力，以 BIM 模型为载体，将各种零碎、分散、割裂的信息数据进行一体化整合，并通过楼宇管理系统的各类监管信息，接入来访人员信息，配套管理平台界面显示不同区域内的人员统计等详细信息。针对不同楼宇内的人员，对某些重点区域设置进入、退出报警系统（图 5-3），若有不相干人员非法进出指定区域，则马上报警，提醒相关管理部门采取行动。基于 BIM 技术可在楼宇内布设相应传感器，自动实时获取楼宇的不均匀沉降、结构变形、重点部位的渗漏水等重要指标项。同时，结合历史案例数据和预警评价体系，评估和预测楼宇结构的健康状况，并据此发布预警信息，为管理者及时采取措施、减少损失、排除警情提供依据。

图 5-3　重点区域监察系统

　　BIM 技术也可以应用于物业车辆管理（图 5-4）及门禁管理（图 5-5），采用车牌识别车辆管理系统，可实现各车库出入口车辆出入统计、车牌识别、进出时间记录等，主出入口设置身份识别卡、智慧社区 App 两种门禁管理系统，用户可自行选择门禁出入方式。在顶层通往屋顶处设置门禁，防止人员进入屋顶层，并在重要的设备机房（配电房、水泵房等）、消防安保机房等区域设置门禁。门禁系统与视频监控及消防系统联动，当发生非法开门、撬门、开门超时时，可实现本地和远程报警，并进行图像抓拍及事件前后各 10 s 以上的录像，所有信息均存储于后端，以备事后查询；当发生火警报警时，该组内的所有控制器可联动打开逃生门。门禁系统能实时显示门禁的开闭状态，便于物业管理人员掌握各位置的门禁状态，及时开关门。

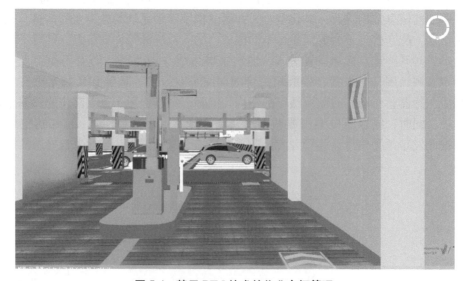

图 5-4　基于 BIM 技术的物业车辆管理

图 5-5　基于 BIM 技术的门禁管理

在物业服务领域，人力成本占总支出的 60%以上。减少人力投入，降低成本，争取更大的盈利空间，是物业企业追求的目标。随着 BIM 技术及物联网技术的不断成熟，将设施设备智能化改造后通过物联网技术与 BIM 模型进行关联，可实现物业精细化、智能化管理，在降低运维成本的同时，也能为业主提供智能化服务。BIM 模型能聚合建筑物及设施设备的全生命周期数据，包括从项目设计、施工到运营阶段的各类相关数据信息，其强大的数据整合能力为物业运营维修房屋及设施设备提供强有力的依据。BIM 技术还可以将建筑信息精确到构件级别，实现建筑结构及设施设备的精细化管理，包括房间结构布局、多专业管线位置、电梯数量、机电设备参数等多个方面，直观展示房屋的墙、梁、板、柱、水、电、气、暖等专业信息，如图 5-6 所示。将 BIM 模型与智能设施设备进行关联后，可方便设施设备查找、定位，平台也能实时记录设施设备并产生动态信息。

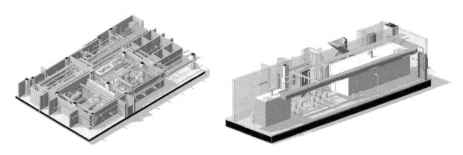

图 5-6　基于 BIM 的设施设备信息图

物联网与互联网的融合为实时管理和控制建筑内的供配电、给排水、消防、管线、电梯等设施设备提供了便利。物业服务中，利用物联网技术将设施设备的维修保养工作与 BIM 模型进行关联，可实现对维修保养记录的智能化管理。通过设置设施设备的巡检保养周期，系统可自动通知维保人员进行相应设施设备的巡检保养工作。完成巡检后，将巡检的时间、巡检人员、是否存在异常情况等巡检信息与相应的设施设备进行关联，形成巡检保养记录，实现巡检全过程追踪。此外，物联网技术也能起到预警、报警功能，通过对传感器监控设备设置合适的阈值，发生异常情况时可报送预警、报警信息，工作人员根据反馈的设施设备信息位置及异常信息，第一时间赶往现场进行查看，可将损失降到最低。通过智能巡检保养，异常情况预警报警，可及时发现安全隐患，降低运维成本，促进设施设备保值。设施设备智能化 BIM 管理实例如图 5-7 所示。

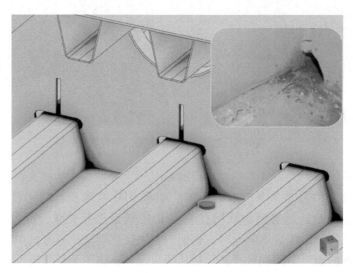

图 5-7　基于 BIM 的智能化管理实例

运维平台汇聚的数据类型繁多且数据量庞大，包括业主信息、房屋信息、各建筑物业管理服务实时动态信息及共用设施设备物联网数据等，汇聚的各类数据通过数据中心进行集中展示，按照"预警、预测、决策、智能"的大数据思维，通过数据挖掘分析，科学预警预报，实现物业管理、物业服务的全面数字化和智能化。数据中心以科技转型为契机，充

BIM在物业管理中的应用

分利用大数据、云计算、BIM、物联网等信息技术为智慧物业管理和服务赋能，实景三维呈现房屋外观及地理空间位置，BIM 技术获取建筑物内部及设施设备的详细信息，同时通过物联网技术将 BIM 模型与智能设施设备进行关联后，可方便设施设备查找、定位，实现设施设备智能巡检及异常情况预警报警。BIM+实景三维+物联网技术在智慧物业方面的融合应用可实现从室外到室内、从二维到三维，全方位掌握物业相关数据，帮助政府解决监管、服务的难题，帮助企业实现规范化管理，提高工作效率，满足业主多层次的生活服务需求。

5.2　基于 BIM 技术的维护维修管理

1. BIM 在桥梁维护中的应用

公路桥梁作为我国重要的交通基础设施组成部分，其安全问题不容忽视。特别是公路桥梁中的特大型桥梁，较普通桥梁而言，其承担的交通运输功能一般更多、更重要，产生的社会效益更广，在安全等方面更值得关注。桥梁运维管理作为桥梁全生命周期的主要阶段，不仅需要承载前期规划、设计及施工的所有信息，还要动态集成日常管理和养护维修的相关数据，其重要性不言而喻。传统的桥梁养护、运维数据管理严重依赖人工。BIM 技术作为新兴技术，在桥梁维护领域的应用价值逐渐得到全方面的认同。

以金塘大桥为例（图 5-8），运维管理方将 BIM 技术与特大型桥梁运维管理相结合，设计了基于移动端和 PC 端的系统首页，以及离线数据和在线数据的采集和管理流程；集成了交互模式下的缺陷信息展示和可视化功能；融入了运维知识库的管理功能、交通流监测功能和技术状况自评定功能。最后，基于 BIM 运维管理流程提出了特大型桥梁的运维管理对策。

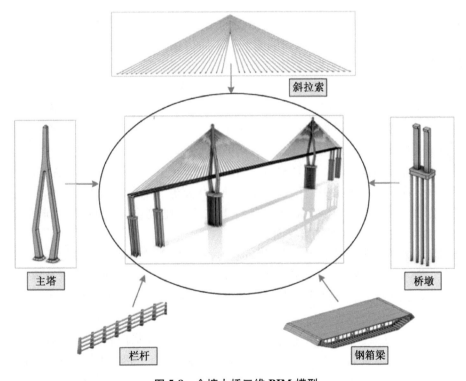

图 5-8　金塘大桥三维 BIM 模型

桥梁运维信息包括桥梁基础数据、健康监测数据、应急事件数据、流程管理数据、用户权限信息、视频监控数据等。其中，桥梁基础数据包括桥梁基础资料、养护维修资料、施工图设计图纸等数据。健康监测数据包括采集自桥梁、隧道、边坡等构筑物的外场传感器等数据。视频监控数据指道路卡口、收费站、气象站等地点的视频监控摄像头所记录的视频流信号。基于 BIM 技术的桥梁结构监测系统能够直接在 BIM 模型上可视化传感器数据，通过改变结构元素的色度来呈现其应变的变化，如图 5-9 所示。

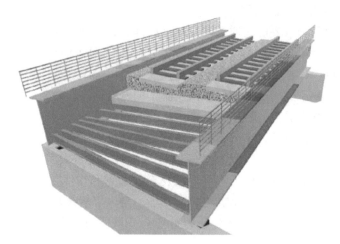

图 5-9　基于 BIM 技术的桥梁结构模型

　　按照需求，桥梁管理人员将各个监测项的布点清晰、准确地展示在金塘大桥的 3D 模型上，用户可以通过 3D 图形窗口的图例对不同传感器所对应的监测项进行过滤，也可以直接点击图形窗口中的传感器图标查看对应的监测数据。图中包括桥梁整体安全评估得分、温湿度的标识、斜拉索索力监测数据、结构动态指标等。桥梁整体安全评估得分由上一次定期巡检结果决定；温度对桥梁结构尤其是钢结构桥梁的影响较大，如斜拉桥的斜拉索随温度变化的伸缩将直接影响主梁的标高；湿度传感器的布置有利于及时掌握现场的湿度情况，设置阈值，湿度超过阈值时应采取必要的除湿措施；斜拉索索力是评估斜拉索性能的重要指标，一旦索力值出现异常，需立即检查是否存在钢丝锈蚀或者断丝等情况；在索塔和主梁关键位置处安装振动传感器，根据结构动态指标为桥梁损伤的检查工作提供参考。上述组合信息有利于从总体把控金塘大桥的运维管理状态。图 5-10 为金塘大桥实时监测数据界面。

　　根据金塘大桥日常巡查需求，在现场巡检过程中需要检查桥面铺装的平整度、桥台有无跳车、泄水孔是否堵塞、伸缩缝是否完好以及栏杆是否存在破坏或锈蚀等问题。传统巡检工作流程中，工作人员先在现场完成外业检查工作，再进行内业处理。这种不连续的工作流程一方面时效性不足，另一方面也易造成缺陷信息的丢失。如图 5-11 所示，基于 BIM 技术的运维管理平台可提供缺陷的基本信息、性状信息和媒体信息的在线输入，并同步上传至系统数据库。移动端采集页面提供扫描二维码功能，在现场扫描构件专属二维码可实现对桥梁名称、缺陷主体数据的自动填充，以保证同一构件在数据库中的唯一性，缺陷类型的选择数据集由缺陷信息库提供，现场巡查人员根据知识库中提供的信息甄别缺陷类型；缺陷位置以文字形式进行描述，应尽可能细致，以便在内业操作时能在模型中准确定位该缺陷。为了在三维模型中直观体现各种类型的缺陷，可以不同几何形状的实体作为表达的载体，以该实体的颜色表征其劣化等级。管理人员在模型交互环境中点击缺陷实体后，属性栏同步显示其对应的属性，包括巡检人员录入的相关信息及系统自动匹配的编码信息。相较于传统的基于文本的表达方式，以 BIM 技术为代表的信息技术的介入有助于提高缺陷信息的可视化和管理效率。

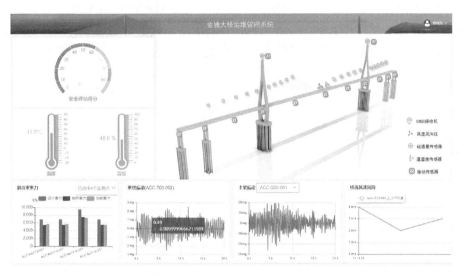

图 5-10　金塘大桥实时监测数据界面

图 5-11　缺陷信息统计

缺陷数据可视化对特大型桥梁运维管理至关重要，是促进"科学决策，精准管理"的有效手段。基于 BIM 技术，金塘大桥管养单位的缺陷管理需求分为以下 5 个模块：

① 年度新增缺陷数量统计表。采用折线图形式表征随着年份的增加，全桥每年新增缺陷的发展趋势（图 5-12）。从图中可以看出，从 2009 年到 2020 年，随着服役年限的增加，构件及设施逐步老化，金塘大桥每年新增缺陷数量也出现不断上升的趋势，为此，管理人员应积极推进预防性养护措施，有效降低桥梁全生命周期的养护成本。

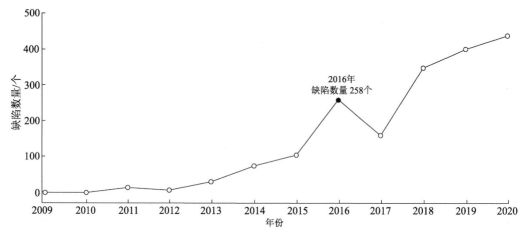

图 5-12　年度新增缺陷数量统计表

② 年度缺陷处理情况。以实心仪表图展示当前年度缺陷处置情况（图 5-13）。图中显示绝大多数的缺陷得到了有效的处治，但仍有 2% 的缺陷有待相关人员进一步处理。本模块可以提醒管理人员对上报缺陷及时做出反应，加强维修养护的时效性。

图 5-13　年度缺陷处理情况

③ 年度主要缺陷类型数量表。采用堆叠柱形图表达当前金塘大桥面临的主要缺陷类型及其对应的数量（图 5-14）。由图可知，金塘大桥缺陷类型以涂装开裂、焊缝开裂、钢材锈蚀、混凝土裂缝、螺栓锈蚀和螺栓松动为主，其中螺栓锈蚀问题较为突出，

管理人员应予以重视，进一步加强对高强螺栓的防腐处理。

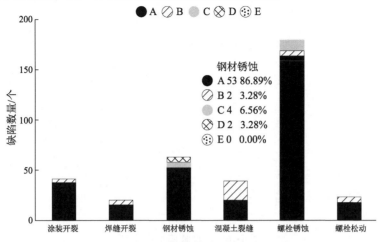

图 5-14　2020 年度主要缺陷类型及数量

④ 年度劣化等级占比。采用饼状图形式统计了全桥缺陷的劣化等级分布情况，如图 5-15 所示。

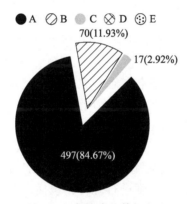

图 5-15　年度劣化等级占比

⑤ 年度缺陷等级情况。按照相应标准统计缺陷的情况（图 5-16），以帮助管理人员确定金塘大桥需要重点关注的部位，从而有针对性地实施巡查、养护及维修策略，实现精准养护的目的。正如统计数据显示，管理人员应重点关注上部结构和附属结构的缺陷问题，适当加强巡查和维修力度，追根溯源，寻找出现大范围缺陷的诱因，并采取相应的措施。

评定标准	美国ASTM-D610/SSPC-Vis2	
等级	描述	图示
A	锈蚀面积百分率 < 0.1%	
B	锈蚀面积百分率0.1-3%	
C	锈蚀面积百分率3-10%	
D	锈蚀面积百分率10-30%	
E	锈蚀面积百分率>30%	

图 5-16 年度缺陷等级情况

　　超载问题一直是影响特大型桥梁安全性和耐久性的重大隐患之一。为了有效缓解金塘大桥日常运维管理过程中的超载问题，以运维管理系统为基础平台，结合高清视频监控和动态称重系统，运用车辆模型的动态模拟软件，可实现大桥上的车辆动态孪生仿真。图 5-17 所示为金塘大桥 K040+400 位置处的视频监控画面，借助硬件的边缘计算能力，使用深度学习算法可实现实时解析高清摄像头的视频流，并提取出车辆的相对位置信息、车辆类型（如货车、大客车、轿车等）、颜色、车牌号及当前车速，同时可与动态称重系统衔接，对每辆车标识超载与否。在获取上述信息后，通过集成运动仿真引擎，将真实车辆以直观的实体模型呈现在金塘大桥模型中，不同车辆类型以预先设定好的仿真车辆模型代替，且搭配与原车辆相同的颜色，并赋予对应的行驶方向和行驶速度及车辆的其他信息，例如是否超载、是否超速可从车辆模型上方的悬浮信息框中获知，从而实现如图 5-18 所示的桥面交通流的全程跟踪。在此基础上，可以对车辆超重、超速、车型等信息按照不同的时间维度进行统计，包括车辆数据列表、上下行车流量统计、累计当量轴次统计、车辆类型统计、车速统计和车道流量统计等。此外，提供数据留存功能，并可按管理人员要求导出交通流日报、周报和年报统计信息。

图 5-17 金塘大桥视频监控画面

图 5-18　桥面车辆数字孪生

2. BIM 技术在桥梁维护中的意义

BIM 技术使传统的被动式的运维管理真正转变为主动监测、主动发现、主动预警、主动评定和主动维护的主动式运维管理模式。通过运维管理系统，统筹管理相应信息，科学调度共享各类资源，可提高信息传递效率。将第一时间采集到的通行信息（交通量信息及道路封闭、开启信息）、事件信息（特殊气象、施工作业、交通事故、道路损坏、异常事故等突发事件）等各类运维管理信息全部传输至运维管理系统，设定相应权限，各部门可根据工作需要调取查阅相关信息，将原来点对点的信息传递模式转变为面对面的传递模式，直接提升信息传递的效率，提高运维管理的效率和水平。

5.3　基于 BIM 技术的隐蔽工程管理

1. 隐蔽工程的概念

隐蔽工程是指建筑物、构筑物施工时，建筑构配件及设施设备作为先行工序被埋置于后序工序下，从外表面看不见的实物（如建筑基础、钢筋、给排水管线、强弱电管线、设备等工程），尤其是卫生间、厨房、入门口等相对狭小的空间隐藏着大量的强弱电管线、给排水管线及预埋件等隐蔽工程，除此之外，梁、板、柱、剪力墙中隐蔽的钢筋更是密集且无处不在。在物业运营与使用过程中，对既有建筑物进行拆改、挂件钻孔等作业时有发生，由于无法准确定位隐蔽工程的空间位置，因此上述作业过程常常对建筑造成不必要的实物及经济损害，有时还会引起一些不必要的伤亡事故。针对这些问题，在物业运营与使用阶段，尤其是在物业装修、维修及使用过程中，对隐蔽工程的空间位置、尺寸、构件型号、材质等属性数据进行可视化处理（即隐蔽工程显化处理）就显得尤为重要。

2. BIM 在隐蔽工程管理中的应用实例

BIM 模型是融合建筑几何属性与非几何属性的信息载体，可以承载建筑物和构筑物的规划、设计、建造和运维等各类信息，体现出大数据的特征，并且均集中于 BIM 数据库中。为了提高信息检索的指向性，加快信息检索的速度，以户为单位，按部位将隐蔽工程对应的 BIM 模型从建筑物整体模型中剥离出来，形成可独立存储和应用的隐蔽工程 BIM 模型，并通过二维码向普通业主、物业维修人员及装修工人等作业人员提供特定部位的 BIM 模型链接。作业人员在移动端扫描粘贴在墙面或楼板面上的二维码就可以浏览对应部位的 BIM 三维模型，同时依据三维可视化模型查询相应部位的隐蔽工程的空间位置、设施设备型号、材料、构造做法、维修记录等详细信息，并利用这些直观、形象的信息精确定位隐蔽工程，确保在钻孔、开洞、射钉、加膨胀螺栓等施工时有效避让隐蔽工程，尽量避免传统施工因不能准确定位隐蔽工程而造成的损害。图 5-19 所示为隐蔽工程模型与实际效果对比。

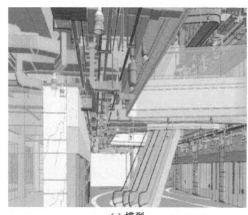 

(a) 模型   (b) 实际效果

图 5-19 隐蔽工程模型与实际效果对比

  BIM 隐蔽工程显化处理的关键在于如何将海量、专业的二维图纸数据以一种直观、便捷的方式向终端用户传输和显示。BIM 技术解决了二维数据向三维数据转化的问题，实现了数据的直观性；二维码技术很好地解决了 BIM 数据存储及链接传递的问题。

  以某一高层住宅楼主卧卫生间的隐蔽工程显化处理为例，如图 5-20 所示，卫生间布置有建筑给排水管、采暖、通风、照明、智能马桶、花洒、盥洗台、镜柜、镜前照明、不锈钢浴室衣物挂架等设施设备及其必备管线，在卫生间贴面装饰完成后，为了贴合业主的日常使用习惯，需要在盥洗台的上方安装镜柜，而这一位置正是盥洗台冷热水管、镜前照明、开关及插座布线及甩线区域，给水及强电管线较为密集，如果不能准确定位各管线的具体位置而随意钻孔，一旦钻穿这一区域的管线，不仅维修费时费力，有时还可能因局部贴面材料受损拆除引发大面积的贴面材料受损而无法修复，只能拆除重做，给业主带来较大的损失，另外还可能因钻及照明、开关或插座等强电管线而引发触电伤害。因此，钻孔安装前准确确定各隐蔽管线的位置就显得尤为重要。

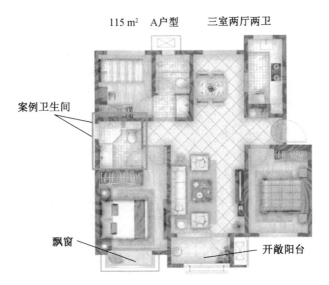

图 5-20　待显化处理卫生间

在进行显化处理时，以满足竣工验收条件的单体 BIM 模型为基础，将 A 户型主卧卫生间的 BIM 模型从单体 BIM 模型中剥离出来，形成独立的卫生间 BIM 模型，剥离后的卫生间 BIM 模型仅有 16.3 MB，占单体 BIM 模型的 0.18%。剥离操作不仅提高了数据检索的指向性，加快了数据检索的速度，还使得 BIM 模型数据轻量化，减少对存储空间的占用，加快了 BIM 模型数据传输及运行的速度。卫生间 BIM 模型剥离完成后，就可以打开浏览器搜索二维码生成器，选中一个类型，为了便于数据检索，在标题栏输入卫生间名称或编号，如××楼××号××卫生间，上传卫生间隐蔽工程的 BIM 模型或数据链接。上传完成后，点击生成二维码，然后将生成的二维码下载、保存并打印、张贴在墙面上。至此，一个保存有该卫生间隐蔽工程的 BIM 模型或数据链接的二维码就制作完成了。作业人员利用移动终端设备扫描墙面上的二维码，移动终端就会自动链接并显示该卫生间的 BIM 管线布置模型。为方便施工人员查阅，BIM 模型既可以根据需要进行多视角的三维仿真模拟或二维显示，也可以选择特定的隐蔽管线，对其空间位置、设施设备型号、材料、构造做法、维修记录等详细的属性数据进行查询，帮助作业人员实现精准定位，如图 5-21 所示。

基于 BIM 的隐蔽工程显化处理方法对 BIM 技术、二维码技术及移动互联网技术进行整合利用，依托 BIM 模型所具有的可视化、信息化及模拟性等特性，结合二维码的存储性、易制作、持久耐用、容错及纠错能力强、低成本与应用普及性等优点，借助以智能手机为代表的移动终端设备，以较低的成本创造性地解决了当前物业运营与维护过程中因隐蔽工程难以定位而导致的建筑实体易被损害、修复成本高、安全风险大等传统问题。这个方法不仅可用于物业运维管理，也可用于建筑物的二次装修改造及业主的日常生活，同时对二次结构施工中如何有效地对隐蔽工程进行避让也有一定的借鉴意义。

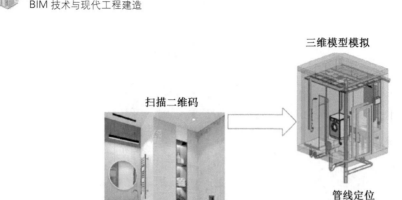

图 5-21　显化处理实现方式

5.4　基于 BIM 技术的灾害与应急管理

1. BIM 技术在灾害与应急管理中的意义

随着经济社会的快速发展，在提高建设水平的同时，需要对建设过程中可能出现的坍塌、火灾、爆炸及不可抗拒的自然灾害、各种灾害事故等紧急灾害情况进行快速灾害抢险，保证生命财产安全。以火灾为例，现代建筑大多数为高层建筑，发生火灾后除了会造成经济损失，还可能会威胁建筑内部居民或办公人员的生命安全。尤其在生产要素集中的建筑群中，存在较大的消防安全隐患，无法达到良好的安全防火要求。为了满足不断提升的建筑防火要求，消防安全管理逐渐得到重视，各种建筑消防管理策略也开始得到应用。由于 BIM 在建设工程领域全面渗透，近年来关于 BIM 在火灾中人员疏散的应用研究也逐渐兴起。

2. BIM 技术在灾害与应急管理中的应用

BIM 技术作为新兴技术，将其引入安全疏散是一种全新的手段，将 BIM 技术与各种模拟软件配合使用，可以实现许多功能。以某地铁车站火灾及人员疏散为例，来说明 BIM 技术在灾害与应急管理方面是如何应用的及其优势。

（1）火灾模拟软件 PyroSim 介绍

通过 BIM 建模软件 Revit 建模与 PyroSim（美国 Thunder head engineering 公司在火灾动力学模拟器的基础上开发出来的）数值模拟相结合，对地铁车站火灾及人员疏散情况进行全方位模拟，模拟火灾的发展趋势、烟气的蔓延规律及人员的安全疏散。PyroSim 软件是 FDS 火灾模拟的前后处理软件，拥有 3D 模型可视化建模功能及 Smokeview 后处理功能。PyroSim 提供了 FDS 命令的图形对话框、模型绘制工具，并能通过导入多种图形格式（DXF、FBX、FDS 等）创建模型，对三维模型网格尺寸、火灾热释放速率、燃烧反应、模拟参数及通风排烟模式等进行设置，不仅弥补了 FDS 前处理功能差的缺陷，还减轻了使用者通过 FDS 编程来建模的烦琐单调，增强了操作的生动性。

（2）地铁车站概况及 BIM 模型建立

模拟的地铁车站选取典型岛式站台地铁车站，参考相关规范、文献等资料中的地铁车站的相关设计建立地铁车站模型，地铁车站分为站台层和站厅层。典型地铁车站站厅层公共区长 120 m，宽 19 m，站台层两侧轨行区为 3.5 m。根据《地铁设计规范》（GB 50157—2013）及《地铁设计防火标准》（GB 51298—2018）的规定，站厅公共区至少设置 2 个直通室外的安全出口，且相邻安全出口之间的最小水平距离不应小于 20 m。使用三维建模软件 Revit 建立地铁车站站台、站厅层三维模型，如图 5-22 所示。

PyroSim 能调用后处理软件 Smokeview 的模拟结果，生成火灾热释放率、探测器等随时间变化的曲线，并将火灾模拟结果与疏散软件 Pathfinder 仿真结果结合，动态展示火灾及人员疏散过程，是工程中常用的模拟工具，具有广泛的应用场景。地铁车站站厅层区域划分如图 5-23 所示。在 PyroSim 中建立的地铁车站火灾仿真模型如图 5-24 所示。

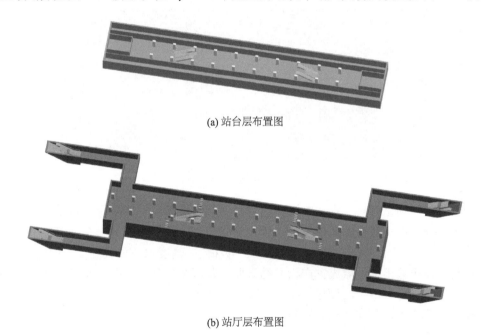

(a) 站台层布置图

(b) 站厅层布置图

图 5-22　地铁车站站台、站厅层三维模型

图 5-23　地铁车站站厅层区域划分

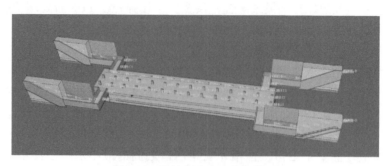

图 5-24　地铁车站火灾仿真模型

（3）火源参数设定及探测器布置

利用软件进行火灾模拟时，火源位置及火灾场景的选择通常遵循最不利原则，即根据火灾发生的概率和发生后的危害来确定。站厅层的火源位置如图 5-25 所示。

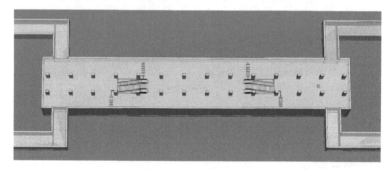

图 5-25　站厅层火源位置

判断火灾产物是否对人存在威胁，通常是由烟气层界面与人眼特征高度的位置决定的。人眼特征高度一般在 1.2~1.8 m，因此在每个划分区域中心的 1.6 m 高度处放置温度传感器、CO 浓度传感器、能见度传感器，并在同一高度水平放置温度、CO 浓度、能见度切片，便于输出各区域火灾产物的结果曲线及可视化分布云图。同时，在各关键部位如站台楼扶梯出入口、站厅出口及地面出口处放置温度传感器和 CO_2、CO、O_2 浓度传感器，主要用于计算安全疏散时间。

（4）模拟结果

站厅层端部发生火灾时，150 s、350 s、500 s 和 800 s 时的烟气的蔓延过程如图 5-26 所示。烟气沿着站厅层向上升腾，并向两侧扩散。$t=150$ s 时，烟气已经快扩散到站厅层顶棚的中间位置及右侧出口的疏散通道内；$t=350$ s 时，烟气几乎充满整个站厅层并在顶棚快速堆积，烟气的高度明显下降，并逐渐向站台层扩散，由于内外热压差的作用，烟气沿着右侧出口通道爬升并蔓延至室外实现自然通风；$t=500\sim800$ s 时，站厅层的烟气通过左侧结构洞口逐渐扩散至站台层右侧楼扶梯处。

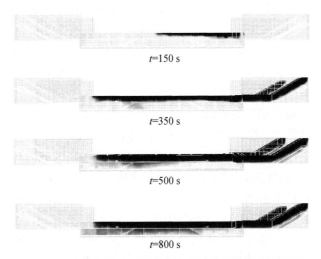

t=150 s

t=350 s

t=500 s

t=800 s

图 5-26　地铁车站站厅层发生火灾时的烟气蔓延侧视图

在 PyroSim 仿真模拟的 800 s 时间内，截取 150 s、350 s、500 s、800 s 时站厅层距地面 1.6 m 高度处的能见度分布云图，以及 800 s 时站台层距地 1.6 m 高度处的能见度分布云图，如图 5-27 所示，定性分析地铁车站内能见度的分布情况；截取 $t = 150$ s、350 s、500 s、800 s 时刻站厅距地面 1.6 m 高度处的温度分布云图，及 800 s 时站台距地面 1.6 m 高度处的温度分布云图，如图 5-28 所示，对站内的温度分布情况做出定性分析。

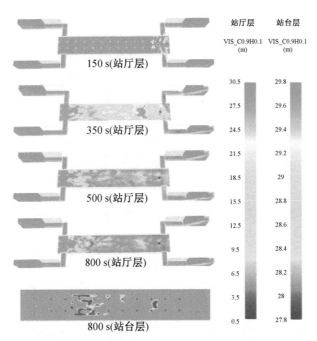

图 5-27　地铁车站站厅层及站台层火灾时距地面 1.6 m 高度处的能见度云图

由分析结果可知，当站厅层端部发生火灾，$t=150$ s 时，火源位置距地面 1.6 m 高度处能见度迅速降至 10 m 以下，疏散通道局部位置距地面 1.6 m 高度处能见度有所降低，但仍在 20 m 左右，除火源位置外，其他区域未有明显的温度升高；$t=350$ s 时，烟气已扩散至站厅层公共区全部区域，站厅层靠近火源区域及通道内能见度降至 10 m，烟气在站厅左侧聚集并沉降，能见度将越来越低，随后向中部扩散，火源区域周围温度升高的范围扩大，且随着烟气的扩散，站厅其余位置及火源附近出口疏散通道内 1.6 m 高度处的温度也有升高的趋势；$t=500$ s 时，除远离火源的左侧出口由于和室外连通受到空气阻力的影响，视野还较为清晰外，站厅层其余大面积区域 1.6 m 高度处的能见度均低于 10 m，出口通道内的空气温度升高较为明显，可能超过 30 ℃，会对疏散过程中的人员产生刺激作用；至火灾模拟结束，除站厅左侧出口附近区域和站台层能见度正常外，站内其他位置皆受到严重的火灾烟气影响，人员疏散困难。结合分析结果可知，站台楼扶梯口火灾是地铁车站发生火灾时的最不利工况，且下行扶梯停止运行时，站台至站厅出口疏散时间长，下行扶梯逆向运行时，疏散至室外地面的总用时较长。

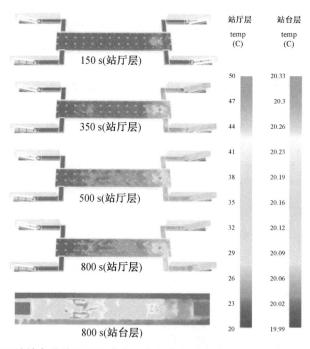

图 5-28　浅层地铁车站站厅层及站台层发生火灾时距地面 1.6 m 高度处的温度云图

火灾发生 30 s 后，列车到站时列车内乘客、站台候车乘客及站厅内所有乘客开始沿着疏散设施及通道向外逃生。为保证人流不在瓶颈处造成拥堵，增加踩踏事故发生的概率，站厅闸机和临时栏杆在第一时间内打开。在疏散过程中，假设人员对建筑出口楼扶梯形式及疏散能力较为熟悉；假定所有上行扶梯正常运行，在扶梯上行过程中，人员保持静止状态；火灾报警器发出警报，人员经识别和反应后开始疏散。基于 BIM 技术考虑火灾影响和火灾及人员疲劳综合影响下的人员疏散过程及结果的差异，同时模拟不同位置发生火灾，扶梯不同运行方式下的人员疏散状况，地铁车站的人员疏散模拟 10 种工况（表 5-1）。

表 5-1　人员疏散模拟工况

工况	影响因素	火灾发生位置	扶梯运行方式
1	无影响	—	上行扶梯正常运行，下行扶梯停止运行
2			上行扶梯正常运行，下行扶梯反向运行
3	火灾影响	站厅层	上行扶梯正常运行，下行扶梯停止运行
4			上行扶梯正常运行，下行扶梯反向运行
5		站台层	上行扶梯正常运行，下行扶梯停止运行
6			上行扶梯正常运行，下行扶梯反向运行
7	火灾及人员疲劳综合影响	站厅层	上行扶梯正常运行，下行扶梯停止运行
8			上行扶梯正常运行，下行扶梯反向运行
9		站台层	上行扶梯正常运行，下行扶梯停止运行
10			上行扶梯正常运行，下行扶梯反向运行

工况 1 中通过站厅层各出口的人流量变化、各楼扶梯的人流量分别如图 5-29、图 5-30 所示。从图 5-29 中可以看出，四个出口处的人流量较为均匀。$t = 50$ s 左右时，各出口由于站厅人员的通过达到通行能力的高峰；约 80 s 时，站厅人员疏散完毕，站台层人群到达出口处，并以稳定的通行速度经过出口。由各楼扶梯处的人流量变化图 5-30 可知，由于楼梯宽度较宽，1#、2#出口处的楼梯疏散通行能力最强，各扶梯上的人流量相差不大。

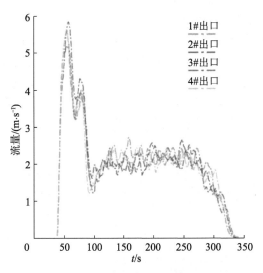

图 5-29　工况 1 站厅层各出口人流量变化

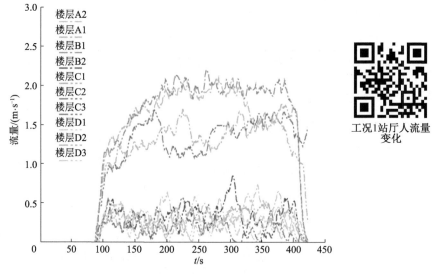

工况1站厅人流量变化

图 5-30　工况 1 站厅层各楼扶梯人流量变化

　　工况 2 中站台层的乘客在 $t = 281$ s 时便已全部疏散至站厅,提前于工况 1,但工况 1 站厅出口楼扶梯处通行顺畅,而工况 2 在该处堵塞严重。结合表 5-1 中的模拟结果可知,与工况 1 相比,工况 2 中乘客疏散至站厅安全区的时间缩短,但到达室外地面的时间却变长,因此可以推测,拥堵现象是造成该疏散结果的主要原因。一方面,站台到站厅疏散能力增强,致使单位时间内输送至站厅楼扶梯的人流量变大;另一方面,浅层地铁站站厅向地面疏散时,人员倾向于选择楼梯,因此原本停止运作楼梯的扶梯逆向运行后,利用效率反而变低,导致了拥堵,造成了疏散时间的增加。

　　工况 3、工况 4 中不同时刻人员疏散情况如图 5-31 所示。在 $t = 260$ s 前,工况 3 与工况 4 的折线图重叠,疏散人数相差不大,此时工况 3 的 1# 出口运行通畅,而工况 4 中两出口都有一定程度拥堵(图 5-31b,c);在 $t = 260$ s 后,工况 4 的疏散人数开始多于工况 3,因为工况 3 中从右侧站台涌来的乘客增加了通行压力并造成两出口的拥堵,而相同情况下扶梯的通行能力大于楼梯,所以工况 4 的疏散人数明显多于工况 3;$t = 516$ s 时,工况 4 下 1# 出口人员疏散完毕,仅剩 3# 出口在疏散,人员疏散速度变慢,在折线图中表现出明显的斜率下降,导致最终疏散时间比工况 3 长。

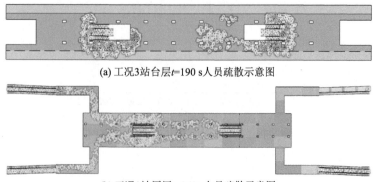

(a) 工况 3 站台层 $t = 190$ s 人员疏散示意图

(b) 工况 3 站厅层 $t = 260$ s 人员疏散示意图

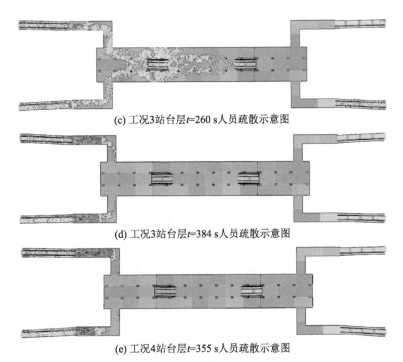

(c) 工况3站台层t=260 s人员疏散示意图

(d) 工况3站台层t=384 s人员疏散示意图

(e) 工况4站台层t=355 s人员疏散示意图

图 5-31　浅层地铁车站工况 3 和工况 4 火灾情况下不同时刻人员疏散情况

工况 5 中，由于 3#出口下行扶梯当作楼梯使用，因此楼梯的疏散能力较强，而人员倾向于选择楼梯疏散，因此向 3#出口疏散的人数比 1#出口的多，并在楼扶梯下造成了一定的拥堵，如图 5-32b 所示。

工况 6 的疏散情况与 5 类似，但由于站台至站厅扶梯疏散能力过强，从疏散开始后，1#、3#出口的楼扶梯一直都处于堵塞状态，对疏散时间有所影响，$t = 300$ s 时的疏散情况如图 5-32c 所示。由工况 5 和工况 6 中站内剩余人数及疏散人数对比可知，同一时刻下，下行扶梯停运状态下的疏散人数始终多于下行扶梯逆行情况，疏散时间也较短。

工况 7、工况 8 在工况 3、工况 4 的基础上考虑了人员疲劳对人群疏散速度的影响，由于站台至站厅高度较小，疲劳程度不明显，因此疏散用时差别不大。疲劳的影响主要体现在站厅至室外地面的疏散过程中。工况 7、工况 8 的总疏散用时分别比工况 3、工况 4 多了 2.8% 和 7.2%。选取工况 8 的 3#出口楼扶梯上的人员疏散状况进行展示，如图 5-33 所示，由图可知，在上行疏散初期，人群较为分散，疏散速度较快，而受到上行疲劳程度及人员密度的影响，上行速度有所减慢。

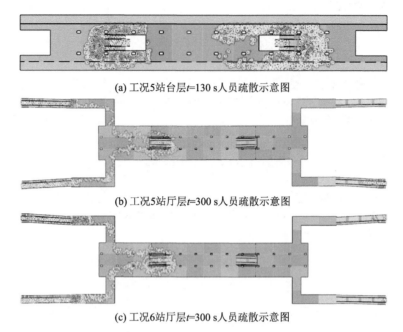

(a) 工况5站台层t=130 s人员疏散示意图

(b) 工况5站厅层t=300 s人员疏散示意图

(c) 工况6站厅层t=300 s人员疏散示意图

图 5-32 浅层地铁车站工况 5 和工况 6 火灾情况下不同时刻人员疏散情况

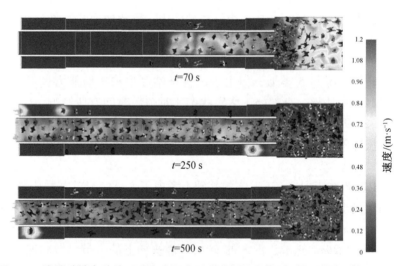

t=70 s

t=250 s

t=500 s

图 5-33 浅层地铁车站站厅层火灾及人员疲劳影响下不同时刻人员疏散速度云图

　　站台层火灾时的人员疏散模拟结果如表 5-2 所示。工况 9、工况 10 的疏散情况与仅考虑火灾影响的工况 5、工况 6 相类似。添加楼梯上行疲劳影响因子后，总疏散用时有所增加，工况 9 和工况 10 的疏散用时在工况 5、工况 6 的基础上分别增加了 8.7% 和 9.5%。由站内疏散人数与剩余人数的变化（图 5-34）可知，同一时刻扶梯停运情况下的疏散人数始终大于扶梯逆行情况，疏散用时也较短（图 5-35）。

表 5-2　浅层地铁车站站台层火灾及人员疲劳影响下人员疏散模拟结果

工况	疏散用时 t/s	
	站台-站厅出口	站台-室外地面
下行扶梯停止运行（工况 9）	559.5	697.5
下行扶梯反向运行（工况 10）	448.0	734.5

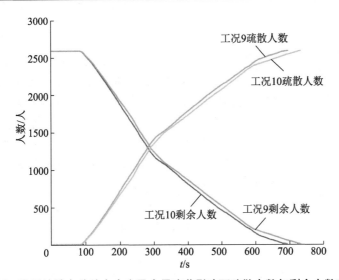

图 5-34　浅层地铁车站站台火灾及人员疲劳影响下疏散人数与剩余人数变化图

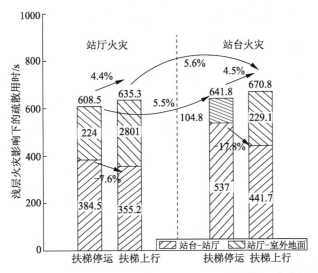

图 5-35　浅层地铁车站火灾情况中各工况下的疏散用时对比图

对比不同扶梯运行方式下的人员疏散结果可知，下行扶梯上行对疏散时间的减少效果较为明显，撤离至站厅出口及室外地面的时间分别平均减少了 14.4% 和 34.6%。通过对比火灾因素和火灾与人员疲劳综合因素下的人员疏散时间，探究上行疲劳对疏散的影响。考虑人员疲劳因素后，地铁车站站台疏散至站厅安全区的时间增加了 22.5 s，增长率为 4.2%。因此，当地铁车站发生火灾时，应尽快使下行扶梯反转，提供更强的疏散通行能力。通过不同火源位置处人员疏散的仿真模拟对比结果可知，站台火灾比站厅火灾的疏散时间更长，危害更大，尤其是撤离至临时安全区的疏散用时比站厅火灾用时长37.5%。地铁车站应更加重视站台层的火灾危害与人群疏散安全，日常积极排查消除火灾隐患，发生紧急情况时保持疏散通道畅通，通过引导减少关键瓶颈位置处的人员拥堵现象。

（5）仿真模拟意义

利用 BIM 技术进行火灾疏散仿真模拟，可以直观、定量地观察与分析火灾疏散场景下的烟气发展与人员疏散过程，并通过对比人员可用安全疏散时间与所需安全疏散时间判断建筑火灾疏散性能是否符合安全要求，为建筑火灾疏散管理提供数据参考，提出基于 BIM 的火灾疏散仿真模拟及防火设计优化流程。根据火灾疏散仿真数据，可以分析火灾危险区域和人员疏散拥堵区域，设计优化方案，再通过软件对 BIM 模型进行优化和修改，为应急管理提供建议和指导。

BIM技术火灾模拟

本章练习题

思考题

1. 相比传统的工程运维管理，引进 BIM 技术的优势有哪些？
2. BIM 技术在运维管理阶段的应用主要体现在哪些方面？
3. BIM 技术是如何在物业管理方面降低成本的？
4. 在桥梁维修维护中应用 BIM 技术有什么意义？
5. 桥梁的运维信息主要有哪些？
6. 应用 BIM 技术将隐蔽工程显化处理的关键是什么？
7. 利用 BIM 技术对隐蔽工程做显化处理有什么优点？
8. BIM 技术在灾害和应急管理中有什么意义？
9. 利用 BIM 技术进行火灾模拟有哪些好处？

第6章 BIM+技术在现代工程建造中的应用

现代工程建造技术是以现代信息技术和智能技术为支撑，以项目管理理论为指导，以智能化管理信息系统为表现形式，通过构建现实世界与虚拟世界的孪生模型和双向映射，对建造过程和建筑物进行感知、分析和控制，实现精细化、高品质、高效率的建造过程的一种土木工程建设模式。现代工程建造技术利用先进的信息技术，发展新的建造和管理技术，使建造过程从数字化向智能化发展，提高建造效率，实现项目信息的集成化、智能化、系统化管理，达到精细、优质、高效建造的目标。

BIM 技术与地理信息系统（geographic information systerm，GIS）、物联网（internet of things，IOT）、互联网、云计算、大数据、人工智能等信息技术相融合，它们既相互独立又相互联系，共同构成了现代工程建造的技术体系，是现代工程建造的技术基础。本章主要介绍虚拟现实（virtual reality，VR）技术、三维激光扫描技术（3D-laser scanning technology，3D-LST）、GIS、IOT、云计算技术、参数化建模技术等与 BIM 技术结合在现代工程建造领域的技术优势及具体应用案例，进一步阐述在 BIM 赋能下实现现代工程建造的技术路径，更深层次地体现 BIM 技术的应用价值。

6.1 BIM+VR 技术在现代工程建造中的应用

VR 技术是指采用以计算机为核心的现代高新技术，生成逼真的视觉、听觉、触觉一体化的虚拟环境，用户可以借助专门的装备，以自然的方式与虚拟环境中的物体进行交互，并相互影响，从而获得等同真实环境的感受和体验。

VR 技术囊括计算机、电子信息、仿真技术，其基本实现方式是以计算机技术为主，利用并综合三维图形技术、多媒体技术、仿真技术、显示技术、伺服技术等多种高科技的最新发展成果。

VR 设备主要有 PCVR 头显、VR 手机盒子和 VR 一体机三种，如图 6-1 所示。

(a) PCVR头显   (b) VR手机盒子   (c) VR一体机

图 6-1　VR 设备

BIM 和 VR 技术在现代工程建造中相融合互补，从建筑设备的空间关系到建筑设备的数据化信息，从整体到细节，客观、真实地进行展现。

（1）VR 紧急事件模拟演练体验

基于 BIM 模型转换的 VR 模型彼此信息互通，VR 模型以其沉浸式的体验感为紧急事件的模拟演练提供逼真的虚拟环境体验，在现实虚拟环境中进行紧急事件模拟的演练可以验证紧急事件应对方案的有效性。设备运维管理人员利用 VR 模型的终端漫游设备，切身体验紧急事件发生时的环境状况与逃生路线，验证紧急事件的逃生路线是否是最有效的方案路线以及紧急情况下周围环境的变化。这不仅可以增强人们的安全意识，也为紧急预案的编制提供了有效的方案支持。

例如，对于火灾这样具有特殊性的灾害，人们很难通过经验教育学习如何处理突发状况，因此，需要采用虚拟现实技术对火灾等灾害现场进行模拟仿真（图 6-2）。建立一个火灾逃生的虚拟现场，通过虚拟现实系统提供直观的火灾现场事故，在线训练逃生、自救、应急指挥防控能力，让人们更直观、真实地感受火灾的危害和火灾预防的重要性，对城市的管理、灾害的预防有协助作用，能促进人们提升安全意识。

图 6-2　VR 火灾模拟

（2）VR 施工场地漫游体验（图 6-3a）

VR 施工场地漫游体验是一种利用虚拟现实技术，模拟施工现场的环境和设施，让体验者通过佩戴 VR 设备，实现对施工场地的全方位观察和探索的方式。通过这种方式，体验者可以在安全、舒适的条件下，感受施工场地的规模、布局、结构、材料、设备等，了解施工场地的基本情况和要求，加强对施工场地的认知和理解。

VR施工场地
漫游体验

VR 施工场地漫游体验的优点：可以突破时间和空间的限制，随时随地进行施工场地的虚拟访问，不受天气、交通、安全等因素的影响；可提供多样化的视角和交互方式，让体验者可以自由选择观察角度和移动路径，还可以进行放大、旋转、标注等操作，增加趣味性和主动性。

（3）VR 施工工艺训练（图 6-3b）

VR 施工工艺训练是一种利用虚拟现实技术，模拟施工现场的操作环境和设备，让体验者通过佩戴 VR 设备，配合手柄或手套等交互设备，实现对施工工艺的模拟操作和实践训练的教学方式。通过这种方式，体验者可以在安全、便捷的条件下感受施工操作的流程、方法、技巧等要点，掌握施工操作的基本技能和规范要求。

VR 施工工艺训练的优点：提供真实感较强的操作环境和设备，让体验者可以体验施工现场的氛围和压力，加强施工操作的责任心；提供灵活度高的操作方式和操作难度，让体验者可以根据自己的水平和进度，选择合适的操作项目和模式，还可以重复练习和修改错误，提升对施工操作的熟练度和精确度。

（4）VR 施工安全体验（图 6-3c）

VR 施工安全体验是一种利用虚拟现实技术模拟施工现场的安全隐患和事故情景，让体验者通过佩戴 VR 设备，配合手柄或手套等交互设备，实现对施工安全知识的学习和应急演练的体验。通过这种方式，体验者可以在无风险、无伤害的条件下，感受施工安全的重要性和紧迫性，掌握施工安全的基本知识和应对措施。

VR施工安全体验

VR 施工安全体验的优点：提供刺激性强的安全隐患和事故情景，让体验者可以体验到施工安全问题可能造成的危害和后果，增强对施工安全的警惕性和防范意识；提供互动性高的安全知识和应急演练，让体验者可以通过观察、判断、选择、操作等方式，参与到虚拟安全问题的发现、分析、解决中，强化对施工安全知识的掌握和运用。

（5）VR 项目竣工漫游体验（图 6-3d）

VR 项目竣工漫游体验是一种利用虚拟现实技术，模拟施工项目的竣工效果和环境，让体验者通过佩戴 VR 设备实现对施工项目的全方位观察和评价的教学方式。通过这种方式，体验者可以在无需实地参观的条件下，感受施工项目的美观性、功能性、质量性等特征，了解施工项目的设计理念和施工要点，增强对施工项目的评价和反思。

（6）VR 室内装修交互体验（图 6-3e）

VR 室内装修交互体验是一种利用虚拟现实技术，模拟室内空间的装修设计和效果展示，让体验者通过佩戴 VR 设备，配合手柄或手套等交互设备，实现对室内装修风格、材料、家具等元素的选择、布置、调整等操作的教学方式。通过这种方式，体验者可以在没有实物样品的情况下，感受室内装修的创意和美感，掌握室内装修的基本原则和方法。

　　VR 室内装修交互体验的优点：提供真实感强的装修设计和效果展示，体验者可以感受室内空间的尺寸、光线、色彩等，提升对室内装修的审美和品位；提供互动性强的装修元素的选择、布置、调整等操作，让体验者可以根据自己的喜好和需求选择合适的装修风格、材料、家具等元素，还可以随时修改和预览装修效果，提高对室内装修的创造和实践；提供及时有效的指导和反馈，让体验者可以获取与室内装修相关的文字、图片、视频、音频等多媒体资料，还可以通过语音或文字与教师或同学进行沟通和交流，促进对室内装修问题的解决和优化。

(a) VR施工场地漫游体验

(b) VR施工工艺训练

(c) VR施工安全体验

(d) VR项目竣工漫游体验

(e) VR室内装修交互体验

图 6-3　VR 体验

6.2　BIM+3D-LST 在现代工程建造中的应用

6.2.1　BIM+3D-LST 在现代工程建造各阶段中的应用

三维激光扫描技术也被称为实景复制技术，是 20 世纪 80 年代中期出现的一种创新技术，是测绘领域继 GPS 技术之后的一项革命性的数据获取技术。三维激光扫描技术通过非接触式的激光扫描测量，大面积、高分辨率地获取物体（复杂地形或异形建筑、构件等）表面的三维空间数据，形成点云数据，并能快速生成同比例的三维点云模型，从而直观地展示扫描结果，具有穿透性、便携性、主动性、可操作性、科学性、实时性等特点，根据扫描模型数据，可在工程竣工验收、逆向建模、对比检测、地形测绘等方面进行高效应用。图 6-4 为三维激光扫描技术的应用。

图 6-4　三维激光扫描技术的应用

BIM 与三维激光扫描技术相结合是指将三维激光扫描技术获取的高精度、高密度、全要素的点云数据与 BIM 模型进行集成和对比，实现虚实结合，为工程设计、施工、运维等各个阶段提供可靠、准确、完整的信息支持。

BIM+三维激光扫描技术在现代工程建造的设计阶段、施工阶段和运维阶段的应用如下：

（1）设计阶段

在设计阶段，通过三维激光扫描技术可以快速、准确地获取现场环境的三维数据，为设计提供基础信息。例如，可以对建筑物的外立面、内部结构、管线布置等进行扫描，生成三维点云模型，与 BIM 模型进行对比和校核，发现设计与施工现场的差异和冲突，及时进行调整和优化。这样可以提高设计质量和效率，减少设计变更和返工。

（2）施工阶段

在施工阶段，通过三维激光扫描技术，可以实时、动态地监测施工进度和质量，为施工管理提供可视化的数据支持。例如，可以对施工过程中的重要节点进行扫描，生成三维点云模型，与 BIM 模型进行对比和分析，检查施工是否符合设计要求，是否存在偏差和缺陷，并及时纠正和改进。这样可以提高施工效率和保证施工的安全性，降低施工成本和风险。

（3）运维阶段

在运维阶段，通过三维激光扫描技术，可以定期、全面地检测建筑物的运行状态和性能，为运维管理提供精确的数据依据。例如，可以对建筑物的结构、设备、管线等进行扫描，生成三维点云模型，与 BIM 模型进行对比，评估模型，识别建筑物的损坏和磨损情况，制订合理的维修和保养计划。这样可以延长建筑物的使用寿命，提升价值，节约运维资源和减少运维费用。

6.2.2　BIM+3D-LST 的应用案例

以下是 BIM+3D-LST 的一些应用案例。

（1）中国尊（图 6-5a）

中国尊是目前北京市最高的摩天大楼，高达 528 m。该项目采用 BIM+3D-LST 在施工阶段进行了专业的 BIM 深化设计和综合协调，并利用 3D-LST 软件进行了施工模拟、预制化加工和三维激光扫描等应用。通过 BIM+3D-LST，该项目有效地解决了设计冲突问题，提高了施工质量和效率，并为智慧运维提供了数据基础。

（2）北京大兴国际机场（图 6-5b）

北京大兴国际机场是目前北京市最大的国际航空枢纽。该项目采用 BIM+3D-LST 在各个阶段进行了 BIM 建模、协同设计、专项分析、计算机智能设计、三维激光扫描等应用。通过 BIM+3D-LST，该项目有效地解决了建筑外观、结构、机电等专业的设计难题，提高了设计质量和效率，并为施工和运维提供了数据支持。

（3）广东省佛山市和美术馆（图 6-5c）

和美术馆是一座集展览、教育、研究、收藏、交流等功能于一体的现代艺术馆。该项目采用 BIM+3D-LST 在设计阶段进行了建筑外观、结构、机电等专业的 BIM 建模，并利用 3D-LST 软件进行了渲染、动画、虚拟现实等应用。通过 BIM+3D-LST，该项目有效地展示了建筑的空间效果和艺术特色，提高了设计质量和效率，为后期施工和运维提供了技术支持。

（4）上海迪士尼乐园（图 6-5d）

上海迪士尼乐园是中国大陆第一座迪士尼主题乐园。该项目采用 BIM+3D-LST 在规划阶段进行了场地分析、交通模拟、景观规划等 BIM 应用，并利用 3D-LST 软件进行了全景漫游、飞行模拟、影视制作等应用。通过 BIM+3D-LST，该项目有效地展示了乐园的总体规划和主题风格，提高了规划质量和效率，并为后期设计和施工提供了数据基础。

（5）建筑外幕墙（图 6-5e）

在建筑外幕墙施工前，对土建和已安装钢结构利用三维扫描仪的点云技术进行扫描测绘，通过扫描生成点云文件并转换成 ASC、PTS 文件导入 BIM 模型中，更直观地与设计模型比对，检测空间碰撞。通过施工前的结构复核，若发现冲突翘曲部位，则反馈给设计院进行调整。

（6）巴黎圣母院（图 6-5f）

2019 年 4 月 15 日巴黎圣母院发生火灾，艺术历史学家安德鲁·塔隆曾利用 3D 激光扫描技术，对巴黎圣母院内外的 50 多个地点进行了高精度的模型数据采集，超过 10 亿个数据点构筑的大教堂三维模型为巴黎圣母院的重建提供了基础。

(a) 中国尊

(b) 北京大兴国际机场

(c) 广东省佛山市和美术馆

(d) 上海迪士尼乐园

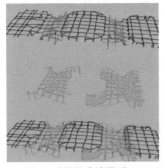

(e) 建筑外幕墙模型

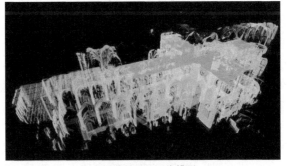

(f) 巴黎圣母院三维模型

图 6-5　BIM+3D-LST 的应用案例

激光扫描多用于范围较小、精度要求较高的空间数据采集，其能高效、快速、准确地获取真实世界采集对象的表面数据，对采集对象实现数字化虚拟重现，便于后续研究分析、测量检测、形变分析、改造设计、数字化存档等工作开展的应用。

6.3 BIM+GIS 技术在现代工程建造中的应用

6.3.1 BIM+GIS 技术的优势

地理信息系统是用于处理空间数据的系统。从应用的角度看，它由硬件、软件、方法、数据和人员五部分组成，如图 6-6 所示。

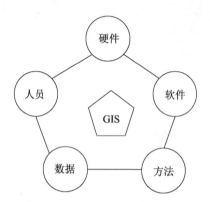

图 6-6 地理信息系统的组成

硬件和软件为地理信息系统建设提供环境；方法为 GIS 建设提供解决方案；数据是 GIS 的重要内容；人员是系统建设中的关键和能动性因素，直接影响和协调其他几个组成部分。GIS 软件的选型直接影响其他软件的选择，影响到系统解决方案，也影响着系统建设周期和效益。数据既是 GIS 的重要内容，也是 GIS 系统的灵魂和生命。数据组织和处理是 GIS 应用系统建设中的关键环节。

GIS 应用于建筑管理工作的优点在于其能够如实、直观地反映建筑的地理分布，并通过矢量信息展现建筑的各类管理元素，通过矢量地理信息与业务信息的融合及交互，实现建筑的信息化管理。

传统 GIS 应用以二维形式为主，通过二维地图展示各类元素，包括建筑、道路、绿地、水体、各类设施设备等，缺少高度维度，无法体现建筑的真实面貌，在多楼层的建筑内进行设备管理、空间管理等的劣势尤为明显，展示效果较差，在机电设备管理方面，传统的基于 GIS 的建筑管理系统缺少建筑内部机电管线、设备的信息。BIM 技术应用于运营阶段，恰恰可以弥补上述基于 GIS 的建筑管理系统的劣势，补充建筑内部的机电管线、设备的信息，并以三维的方式直观体现建筑的空间及建筑内构件的形状、位置，将 GIS 技术与 BIM 技术相结合，可覆盖建筑管理中各类管控对象，以三维直观可视化的形式真正实现建筑的信息化管理，全方位保障建筑运营。

此外，BIM+GIS 技术可在建筑的设施设备信息管理、空间管理、应急响应、建筑运营服务等方面提供完善的信息化支撑和直观高效的管理手段。

BIM 与 GIS 集成应用是通过数据集成、系统集成或应用集成来实现的，既可在 BIM 应用中集成 GIS，也可以在 GIS 应用中集成 BIM，或是 BIM 与 GIS 深度集成，以发挥各自的优势，拓展应用领域。目前，二者集成在城市规划、城市交通分析、城市微环境分析、市政管网管理、住宅小区规划、数字防灾、既有建筑改造等诸多领域均有所应用，与各自单独应用相比，集成应用在建模质量、分析精度、决策效率、成本控制水平等方面都有明显提高。BIM 与 GIS 集成应用的优势表现在以下几个方面：

（1）提高长线工程和大规模区域性工程的管理能力

BIM 的应用对象往往是单个建筑物，利用 GIS 宏观尺度上的功能可将 BIM 的应用范围扩展到道路、铁路、隧道、水电、港口等工程领域。如邢汾高速公路项目开展 BIM 与 GIS 集成应用，实现了基于 GIS 的全线宏观管理、基于 BIM 的标段管理及桥隧精细管理相结合的多层次施工管理。

（2）提高大规模公共设施的管理能力

现阶段，BIM 应用主要集中在设计、施工阶段，而二者集成应用可解决大型公共建筑、市政及基础设施的 BIM 运维管理，将 BIM 应用延伸到运维阶段。如昆明新机场项目将二者集成应用，成功开发了机场航站楼运维管理系统，实现了航站楼物业、机电、流程、库存、报修与巡检等日常运维管理和信息的动态查询。

（3）拓宽和优化各自的应用功能

导航是 GIS 应用的一个重要功能，但仅限于室外。二者集成应用，不仅可以将 GIS 的导航功能拓展到室内，还可以优化 GIS 已有的功能。如利用 BIM 模型对室内信息的精细描述，可以保证在发生火灾时室内逃生路径是最合理的，而不再只是最短路径。

随着互联网的高速发展，基于互联网和移动通信技术的 BIM 与 GIS 集成应用，将改变二者的应用模式，向着网络服务的方向发展。当前，BIM 和 GIS 不约而同地开始融合云计算这项新技术，分别出现了"云 BIM"和"云 GIS"的概念，云计算的引入将使 BIM 和 GIS 的数据存储方式发生改变，数据量级也将得到提升，其应用也会得到跨越式发展。

6.3.2　BIM+GIS 技术在现代工程建造中的应用案例

（1）规划设计中的应用

BIM 技术的优势在于建筑的精细化模型创建，将设计成果进行可视化表达，在工程项目建设中实现建设成果的前置。GIS 的作用在于大场景地理信息的管理和分析，BIM 技术主要是依托模型进行一些诸如日照分析、阴影分析、视域分析等详细的性能分析，评价规划设计的合理性，达到改善和优化设计方案的目的。

到目前为止，GIS 和 BIM 技术已在轨道交通、公路交通、单体建筑、校园景观等方面的规划设计工作中得到应用。在建筑的规划设计方面，GIS 和 BIM 技术在建筑节能、节水等绿色理念的实现上也发挥着重要作用。

（2）工程建设管理中的应用

BIM 结合 GIS 大场景地理信息管理的优势，实现了工程建设从微观到宏观的多尺度精细化管理。在施工阶段，GIS 和 BIM 技术可以用于建筑供应链管理，从工程项目的整体角度对工程建设所需材料进行调度、跟踪和管理，结合射频识别（radio frequency identification，RFID）、GPS、物联网等多种技术，实现在 GIS 的大环境下对建筑材料供应的可视化管理。此外，在涵盖规划、设计、施工、竣工验收、运营维护等全生命周期的 GIS 与 BIM 结合应用也已有相关成果。

（3）市政设施管理中的应用

市政设施是城市内各种具有基础服务功能的建筑物、构筑物、设备等的总称，是城市正常运转的重要保障。以 GIS 和 BIM 为核心的信息化管理手段可以优化传统市政设施的管理方式，显著提高市政设施的管理效率。目前，GIS 和 BIM 技术已在电力、供水、道路、公共资产等多个方面的管理中得到应用。管线是市政设施的重要组成部分，水暖电系（MEP）管理是其中的重点，也是 GIS 和 BIM 技术应用的重点。城市道路路径规划、建筑能耗评估等也是 GIS 与 BIM 技术结合应用的重要方面。

（4）火灾应急处理中的 GIS 与 BIM 集成应用

GIS 和 BIM 技术的集成应用在火灾响应时间、火灾精细化处理、人员应急疏散等方面提供技术支持。利用 GIS 与 BIM 融合形成的数据模型，在 GIS 环境中对室内的逃生路线和城市内的救援路线进行规划。除了静态规划，以建筑信息模型中的楼道信息为链，以具体的房屋为节点，形成建筑内部的几何网络模型，对火灾发生一定时间内烟雾和火势的扩展情况进行动态模拟，并对室内的逃生路径进行动态规划。在室内规划的基础上，建立室内外联合应急空间模型，为多种情景下的室内外联合路径规划和应急救灾提供技术支持。

6.4 BIM+IOT 技术在现代工程建造中的应用

6.4.1 BIM+IOT 技术及其优势

物联网是指万物可以通过网络互联，为物与物、物与人之间交互信息提供了一种通用语言。通过在客观物体中植入精密的传感器和芯片，采集各种可能需要的信息，网络接入，实现万物互联，智能化感知和管理物体。

BIM 与物联网的关系中，BIM 是基础数据模型，是物联网的核心与灵魂。物联网技术在 BIM 技术的基础上，将各类建筑运营数据通过传感器搜集起来，并通过互联网实时反馈到本地运营中心和远程用户手上。没有 BIM，物联网的应用将受到限制，在看不见的物体构件或隐蔽处只有 BIM 模型是一览无余的，BIM 的三维模型涵盖整个建筑物的所有信息，与建筑物控制中心集成关联。

BIM 与物联网的集成应用，实质上是建筑全过程信息的集成与融合。BIM 技术发挥上层信息集成、交互、展示和管理的作用，而物联网技术则承担底层信息感知、采集、传递、监控的功能。二者集成应用可以实现建筑全过程"信息流闭环"，实现虚拟信息化管理与实体环境硬件之间的有机融合。

BIM 与物联网的集成应用也能够提高施工现场的安全管理能力，确定合理的施工进度，支持有效的成本控制，提高质量管理水平。在整个建筑物的生命周期中，建筑物运行维护的时间段最长，二者集成应用可提高设备日常维护、维修工作的效率，提升重要资产的监管水平，增强安全防护能力，并支持智能家居。

6.4.2　BIM+IOT 技术在现代工程建造中的应用案例

（1）二维码技术

在用 Revit 建模的过程中，可以通过下载建模助手插件为建筑模型构件添加二维码信息。将建筑构件以二维码的形式编码，可以在施工过程中实时查询和了解建筑构件的详细信息。将小型机械信息（出场日期、验收日期、责任人等）及临电设备电路图等收录至二维码信息库中，现场通过扫描二维码读取信息以检查机械是否合格。利用二维码技术对现场安全防护设置的管理情况（防护位置和数量、验收时间、责任人等）进行统一收录，方便管理。二维码技术的部分应用实例如图 6-7 所示。

(a) 二维码技术属性界面　　　　　　　　(b) 临电设备

(c) 楼梯防护　　　　　　　　(d) 洞口防护

图 6-7　二维码技术的应用

（2）射频识别技术

射频识别技术是一种通过无线电波实现非接触式数据采集和传输的自动识别技术，由电子标签、阅读器和后台系统组成，电子标签与阅读器通过射频信号实现双向通信。其中阅读器不仅能够读取标签存储的编码信息，还可以对标签存储器进行数据写入操作。

RFID 技术可通过实名制登记人员信息，将信息录入系统，并通过第三方平台（如建筑港、云筑网等）进行信息比对，可有效防止有不良行为（恶意讨薪、闹事等）记录的人员进场（图 6-8a）。管理人员可以利用 RFID 技术对进场材料进行管控，实时记录构件材料进场信息，并通过短信发送给监理通知验收（图 6-8b）。

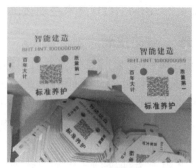

<table>
<tr><td>(a) 工作考勤</td><td>(b) RFID标签</td></tr>
</table>

图 6-8　RFID 技术的应用

（3）传感系统

传感系统是指利用各种传感器对建筑工程中的温度、湿度、压力、位移、应力、振动、噪声等物理量或化学量进行检测和监测的系统。传感系统在建筑行业中有着广泛的应用，主要包括以下几个方面：

① 结构健康监测。通过在建筑结构中安装传感器，实时采集结构的应变、变形、裂缝等数据，分析结构的受力状况、损伤程度和安全性能，及时发现结构异常和隐患，提供维修和加固的依据。

② 环境舒适度监测。通过在建筑内外部署传感器，实时采集温度、湿度、光照、空气质量等数据，分析建筑的热环境、光环境、声环境和空气环境，评价建筑的环境舒适度，提供节能和优化的建议。

③ 智能控制系统。通过与传感器相连的控制器和执行器，实现对建筑中的照明、空调、通风、窗帘等设备的智能控制，根据人员活动和环境变化自动调节设备的开关和参数，提高建筑的能效和便利性。

④ 安全防护系统。通过在建筑周边或重要区域安装传感器，实时采集人员和车辆的进出情况，以及火灾和水灾等异常情况，实现对建筑的安全防护，及时报警和处理紧急事件。

（4）建筑行业的超频宽无线定位系统

超频宽无线定位系统（UWB positioning system）是指利用超频宽（UWB）信号进行定位测距的系统。UWB 信号是一种占用很宽频带（3.1～10.6 GHz）且功率很低的无线信号，具有高精度、高速率、低干扰、低成本等优点。UWB 定位系统在建筑行业中有着重要的应用，主要包括以下两个方面：

① 人员定位与管理。通过在建筑工地或场所中布置 UWB 基站并对人员佩戴 UWB 标签，实现对人员位置和状态的实时监测和管理，提高人员安全和管理效率。

② 物资定位与管理。通过给建筑物资贴上 UWB 标签，并在仓库或运输途中设置 UWB 基站，实现对物资位置和状态的实时监测和管理，提高物资利用率和防盗能力。

③ 室内导航与服务。通过在室内空间中布置 UWB 基站，并给用户提供 UWB 终端或手机应用，实现对用户位置和需求的实时识别和服务，提高用户体验和满意度。

④ 三维建模与测量。通过在建筑物上安装 UWB 标签，并使用 UWB 接收器或无人机进行扫描，实现对建筑物的三维建模和测量，提高建模和测量的精度与效率。

（5）建筑行业的远程监控系统

远程监控系统是指利用网络、视频、音频等技术，实现对建筑工程或场所的远程监视、控制和管理的系统。远程监控系统在建筑行业中有着重要的作用，主要包括以下几个方面：

① 工程进度监控。通过在建筑工地上安装摄像头、麦克风等设备，实现对工程进度、质量、安全等方面的实时监控，及时发现和解决问题，提高工程效率和质量。

② 场所运营监控。通过在建筑场所（如商场、酒店、办公楼等）安装摄像头、麦克风等设备，实现对场所运营、客流、收入等方面的实时监控，及时调整和优化运营策略，提高场所效益和竞争力。

③ 设备运行监控。通过在建筑设备（如电梯、空调、消防等）安装传感器、摄像头等设备，实现对设备运行、故障、维护等的实时监控，及时预警和处理异常情况，提升设备性能，延长使用寿命。

④ 环境影响监控。通过在建筑周边或受影响区域安装传感器、摄像头等设备，实现建筑对环境影响（如噪声、污染、风景等方面）的实时监控，及时评估和改善环境影响，加强建筑的社会责任，优化建筑形象。

（6）地下工程和深基坑安全监测系统

地下工程和深基坑安全监测系统是指利用各种传感器、仪器、软件等技术，实现对地下工程和深基坑的土体变形、水位变化、支护结构应力等参数的实时监测和分析的系统。地下工程和深基坑安全监测系统在建筑行业中有着重要的应用，主要包括以下两个方面：

① 预防事故发生。通过对地下工程和深基坑的各项参数进行实时监测和分析，及时发现土体不稳定、支护结构失效等危险信号，预防事故发生，保障人员和财产安全。

② 优化施工方案。通过对地下工程和深基坑的各项参数进行实时监测和分析，及时反馈施工效果，优化施工方案，提高施工质量和效率。

6.5　BIM+云计算技术在现代工程建造中的应用

云计算（cloud computing）是分布式计算的一种，指的是通过网络云将巨大的数据计算处理程序分解成无数个小程序，通过多部服务器组成的系统处理和分析这些小程序并将得到的结果反馈给用户。

云计算以互联网技术为核心，通过云平台的搭建，使登录平台的每一位用户都可以接受云服务，进行数据的存储与应用，进而形成一个庞大的数据资源中心。云计算通过整合大量的计算资源，利用云服务器等硬件设备，在平台上提供计算资源的服务，用户不需要自主安装硬件软件，只要登录平台就可以使用计算资源，既节省时间、空间，也节约资金，是"共享时代"的重要工具。

云计算对建筑行业具有很大的作用和价值。在目前的科技进展与研究中，由于建筑物结构十分复杂，因此对整个施工建造过程的控制还很粗糙。基于云计算技术，对于复杂的建筑物施工平台的数据处理可以使计算能力大大提升，从而提高现场管理的速度，扩大管理的范围。

云计算技术在现代工程建造中的作用主要体现在以下几个方面：

（1）数据存储与共享

云计算技术可以为建筑项目提供海量的存储空间，将各种数据和信息上传至云端，实现数据的安全备份和快速访问。同时，云计算技术也可以实现数据的共享和协同，让不同参建方可以实时交流和协作，提高工作效率和质量。

（2）设计优化与协调

云计算技术可以为建筑设计提供强大的计算能力和多样的软件平台，支持各种复杂和创新的设计方案的生成与评估。同时，云计算技术也可以实现设计的综合协调和碰撞检查，利用 BIM 技术对各专业之间的三维模型进行集成和校核，发现并解决设计问题。

（3）施工模拟与监控

云计算技术可以为建筑施工提供可视化和动态的模拟及分析工具，有助于施工方案的制定和优化，预测施工进度和风险，提高施工的安全性和可靠性。同时，云计算技术也可以实现对施工现场的实时监控和管理，利用物联网技术对人员、设备、材料等进行远程控制和调度。

（4）运维智能与服务

云计算技术可以为建筑运维提供智能化和数字化的服务平台，利用大数据分析和人工智能技术对建筑设施的性能和状态进行监测和预测，实现故障诊断和维修保养的自动化和优化。同时，云计算技术也可以实现运维信息的整合和展示，为业主和用户提供便捷、高效的服务。

通过云计算技术，将庞大的监测数据计算处理的程序通过网络拆分成无数个小程序，通过多部服务器组成的系统分析和处理这些小程序并将得到的结果反馈给用户，从而实现对复杂建筑结构的监测或检测。

云计算技术在结构健康监测方面的应用如图 6-9 所示。

针对智能结构健康监测领域，云计算技术可以为其提供强大的计算能力，从而提高实时监测的能力，为结构健康监测提供大量数据处理的技术保障，使监测效率大大提升，同时也会延长预警所需的时间，在结构健康保障、人员保障等方面具有重要作用。

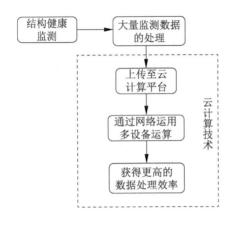

(a) 云计算技术在结构健康监测中的应用流程　　　　　　(b) 应用场景

图 6-9　云计算与结构健康监测

6.5.1　BIM+云计算技术的优势

云计算与 BIM 集成应用是利用云计算的优势将 BIM 应用转化为 BIM 云服务，目前我国尚处于探索阶段。BIM 和云计算的集成应用是在 BIM 高效性的基础上克服软件对软硬件的限制。企业将 BIM 软件集成在云平台上，实现 BIM 技术应用向 BIM 云服务的转化，主要涉及 BIM+公有云、BIM+私有云、BIM+混合云三种形式。

云计算技术的应用使 BIM 技术更便捷、更高效，将 BIM 应用中计算量大且复杂的工作转移到云端，以提升计算效率；将 BIM 模型及其相关的业务数据同步到云端，方便用户随时随地访问并与协作者共享；BIM 用户通过云服务可随时随地及时获取 BIM 数据及服务。

云计算技术在 BIM 中有很高的应用价值。针对 BIM 模型的优化及数据处理，使建筑物的 BIM 模型越来越细致，越来越向实体建筑物方向发展，基于云计算技术的信息数据处理可以大幅度提高计算速度，从而为更加细致的 BIM 模型所需要的大量数据处理提供技术支持。更加详尽的 BIM 模型也为简化施工流程、精确结构计算等提供模型保障。

相比传统的 BIM 技术应用模式，基于云计算的 BIM 技术具有以下应用优势：

（1）降低 BIM 技术应用的基础硬件投入

当前建筑项目规模日趋增大、建筑过程日益复杂，BIM 系统对原独立框架的基础硬件计算能力、存储能力、协同信息处理和共享能力等提出了更高要求，BIM 系统版本升级和新功能增加将使硬件投入不断增加，这些已成为 BIM 技术应用推广的客观障碍。

云计算技术为这种困境提供了有效的解决方法，它能提升原有架构下的普通计算机或服务器建构集群的计算能力，不会造成原有投入浪费。

（2）改变了 BIM 系统的使用方式，促进了 BIM 技术的推广

在 BIM 云模式下，用户不必像传统软件那样在本地安装 BIM 系统，而是通过浏览器或其他客户端访问云端的 BIM 系统，BIM 云提供了所有的 BIM 系统的功能服务。在云计算模式下，云 BIM 架构是一个分布式计算模型，建筑过程中各类人员在该架构中相当于处在一个统一的平台中，所有的资源和模型均在云中，容易实现跨区域和跨单位的协同工作和信息共享，这正是 BIM 技术推广的优势所在。

6.5.2　BIM+云计算技术在现代工程建造中的应用案例

云计算技术是一种基于互联网的计算方式，通过共享软硬件和信息资源，按需给用户提供服务。云计算技术在 BIM 中的应用主要是将 BIM 应用转化为 BIM 云服务，利用云计算的优势来提升 BIM 的效率、质量和协作能力。下面介绍云计算技术在 BIM 中的一些具体应用案例。

（1）广州周大福国际金融中心项目（图 6-10a）

该项目在建设之初启用了广联达软件股份有限公司提供的广联云服务，将其作为BIM 团队数据管理、任务发布和信息共享的数据平台，并提出基于广联云的 BIM 系统云建设方案，开展 BIM 技术深度应用。广联云为该项目管理了上万份工程文件，并为来自 10 个不同单位的项目成员提供模型协作服务，保证工程文档能够快速、安全、便捷、受控地在团队中流通和共享。

（2）天津高银金融 117 大厦项目（图 6-10b）

该项目在建设之初启用了云服务，将其作为 BIM 团队数据管理、任务发布和信息共享的数据平台，并提出基于云的 BIM 系统云建设方案，开展 BIM 技术的深度应用。云服务为该项目管理了上万份工程文件，并为来自 10 个不同单位的项目成员提供模型协作服务。项目将 BIM 信息及工程文档同步保存至云端，并通过精细的权限控制及多种协作功能，满足了项目各专业、全过程海量数据的存储、多用户同时访问及协同的需求，确保了工程文档能够快速、安全、便捷、受控地在团队中流通和共享，提升了管理水平和工作效率。

(a) 广州周大福国际金融中心　　　　　　(b) 天津高银金融117大厦

图 6-10　云计算技术在 BIM 中的具体应用

6.6　BIM+参数化建模技术在现代工程建造中的应用

6.6.1　参数化建模的优势

参数化建模是在 20 世纪 80 年代末逐渐占据主导地位的一种计算机辅助设计方法，是参数化设计的重要过程。作为一个将参数和行为关联的复合模型，BIM 参数化建模不仅可以将建筑物直观地展现出来，通过创建和修改构件的几何、材质、通用信息等参数，获得精准的模型，还能进行数据分析，如碰撞检测、空间分析、结构静力分析、动力分析等模型分析；通过给关联的参数赋予意义，还能实现对真实世界行为的虚拟模拟。BIM 参数化建模让工程项目全生命周期的管理更加高效快捷。

在信息化发展的大背景下，非线性建筑设计正由过去的边缘状态逐渐走上主流的设计舞台，国内外出现了许多外形构造奇特的建筑，建筑曲面的非线性和不规则性特点日益突出，如北京凌空 SOHO、上海中心大厦、奥地利格拉茨现代美术馆等建筑都属于典型的非线性建筑，它们正是依托参数化设计以构建参数控制模型的优势，才能较好地应对非线性和不规律的复杂性问题。

参数化设计是指一种将全部设计要素作为某个函数的变量，通过设计函数或者算法将相关变量关联起来，输入参数便可自动生成模型的设计方法。更确切地说，参数化设计也叫尺寸驱动，是指参数化模型的尺寸不需要用确定的数值进行定义，而是用对应的关系来表示，只要改变一个参数值，就会自动改变所有与它相关的尺寸，从而生成新的同类型模型。尺寸驱动是参数化设计的关键，其最大的价值在于以独特的方式完整记录起始模型和最终模型的建模过程，从而达到通过简单改变起始模型的相关变量就能改变模型最终形态的效果。其优势是用参数和程序控制三维模型，相比手工建模更精确，更具逻辑性；突破传统设计手法的局限，灵活应用非线性建筑形式；可快速实现建筑模型和结构模型的有效互动，提高模型生成和修改的速度，从而提高工作效率。

常见的参数化建模软件有 Solidworks、Rhino、Revit、FreeCAD 等。常见的参数化建模插件有 Dynamo、RHino. Inside、GridsGenerator 等。

6.6.2　BIM+参数化建模技术在现代工程建造中的应用案例

BIM+参数化建模技术是指利用 BIM 软件和可视化编程工具，根据建筑物的几何、功能、结构等参数，自动生成复杂或异型的建筑模型，并进行数据分析和优化的过程。BIM+参数化建模技术可以提高设计效率，增强设计灵活性，实现设计与施工的协同和信息共享。

（1）上海中心大厦 BIM 技术与参数化建模（图 6-11）

上海中心大厦高 632 m，属于超高层建筑，该建筑采用 Rhino 和 Grasshopper 进行参数化建模和优化。通过 Rhino 创建建筑物的基本几何形状，通过 Grasshopper 根据风荷载、日照、视野等参数对建筑物的外形、平面、立面、结构等进行调整和优化。

对传统设计、施工流程的挑战三维信息难以用二维施工图表达，BIM 工作必须贯穿设计、施工全过程，可模拟施工全过程，施工过程必须按预定流程进行。

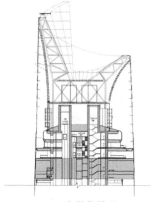

(a) 实体建筑   (b) 参数化模型

图 6-11　上海中心大厦 BIM 技术与参数化建模

（2）成都绿地中心蜀峰大厦参数化建模（图 6-12）

成都绿地中心蜀峰大厦是位于成都东部新城的一座超高层建筑，总建筑面积为 454428 m^2，地下 5 层，地上 101 层，建筑高 468 m，为西南地区地标建筑。该建筑采用参数化建模技术，利用 Grasshopper 软件进行三维立体设计和优化。

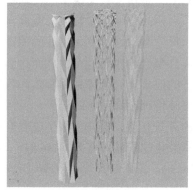

(a) 实体建筑   (b) 参数化模型

图 6-12　成都绿地中心蜀峰大厦参数化建模

（3）杭州体育馆参数化建模（图 6-13）

杭州体育馆是位于杭州奥体博览中心内北侧的一座综合体建筑，总建筑面积近 $40×10^4$ m^2，包括体育馆、游泳馆、商业设施用地和停车场等。该建筑的设计理念源于银河幻影，建筑形态分为上、下两个部分，下部分是商业设施用地和停车场，上部分是体育场和游泳馆。该建筑采用参数化建模技术，利用 Grasshopper 软件进行三维立体设计和优化。参数化建模技术是一种基于规则和算法的设计方法，可以实现复杂形态的快速生成和修改。该技术在体育场馆设计中有着广泛的应用价值，可以提高设计效率和质量，降低成本和风险，增强建筑的美观性和功能性。

(a) 实体建筑

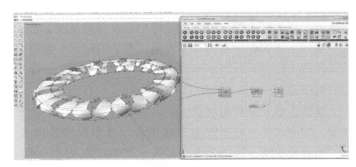

(b) 参数化模型

图 6-13　杭州体育馆参数化建模

（4）北京大兴国际机场参数化建模（图 6-14）

北京大兴国际机场是由六个对称瓣片组成的巨型机场综合体，该建筑采用 Revit 和 Dynamo 进行参数化建模和协调。通过 Revit 创建机场的总体布局，通过 Dynamo 根据航站楼的功能、流线、尺寸等参数自动生成瓣片的平面、立面、屋顶等，并进行碰撞检测、空间分析等。

图 6-14　北京大兴国际机场参数化建模

6.7　BIM+智慧工地在现代工程建造中的应用

6.7.1　智慧工地概述

智慧工地是智慧地球理念在工程领域的具现，是一种崭新的工程全生命周期管理理念。智慧工地是指运用信息化手段，通过三维设计平台对工程项目进行精确设计和施工模拟，围绕施工过程管理，建立互联协同、智能生产、科学管理的施工项目信息化生态圈，并将此数据在虚拟现实环境下与物联网采集到的工程信息进行数据挖掘分析，提供过程趋势预测及专家预案，实现工程施工可视化智能管理，以提高工程管理信息化水平，从而逐步实现绿色建造和生态建造。

　　智慧工地将人工智能、传感技术、虚拟现实等高科技技术植入建筑、机械、人员穿戴设施、场地进出关口等各类物体中，并普遍互联，形成物联网，再与互联网整合在一起，实现工程管理干系人与工程施工现场的整合。智慧工地的核心是以一种更智慧的方法来改进工程各干系组织和岗位人员的交互方式，以便提高交互的明确性、效率、灵活性和响应速度。

　　智慧工地充分利用移动互联网、物联网、人工智能、地理信息系统、大数据等信息技术，彻底改变传统建筑施工现场参建各方现场管理的交互方式、工作方式和管理模式，为建设集团、施工企业、政府监管部门等提供一揽子工地现场管理信息化解决方案，是一种崭新的工程现场一体化管理模式。BIM、GIS、IOT 技术协同通过传感器将人员、物料、机械的信息传递给 IOT，形成智慧工地管理系统。

6.7.2　BIM 技术在智慧工地中的应用

1. 基于 BIM 的智慧工地建设的总体框架

　　智慧工地建设虽然主要作用于施工阶段，但是在建设过程中要考虑与建设项目各参与方，建设单位、设计单位、材料供应商及运维管理单位等的信息共享。基于 BIM 技术的智慧工地建设将提高工程在施工阶段的智能化管理水平，也将加强工程建设全生命周期的各个管理层级的实时化、可视化和准确化程度。基于 BIM 的智慧工地建设的总体框架如图 6-15 所示。

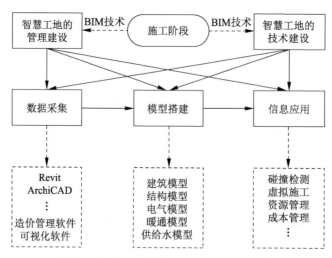

图 6-15　基于 BIM 的智慧工地建设的总体框架

　　数据采集是框架构建的基础，通过对项目各参建单位的所有信息进行有效集成和利用，可以实现信息数据的共享和传递，并不断进行完善。实现 BIM 数据采集的手段是软件，在智慧工地建设的技术层面，核心建模软件是整个 BIM 应用的核心组成，当前运用最多的软件有 Revit、ArchiCAD、Tekla 和 MagiCAD 等。BIM 设计师将建筑物的几何信息表达成三维模型，反映建筑物内各专业信息的空间关系，形成具备各专业信息的综合信息模型。

信息应用是框架构建的功能实现。通过不同模块的信息应用，可以实现对施工阶段不同工作的有效管理，对搜集到的信息进行整理、分类、分析和反馈，专业技术人员将信息存储到 BIM 数据库，便于后期阶段各参建单位管理工作的开展，保证信息数据的安全和完善。信息应用主要包括技术层面和管理层面两方面，其中技术层面的应用包括施工工艺模拟、管线排布、碰撞检查等。

2. 基于 BIM 的智慧工地建设功能实现（图 6-16）

（1）BIM 技术模型

利用 Revit、ArchiCAD、MagiCAD 等软件搭建施工的 BIM 技术模型，通过专业模型的深化设计，实现碰撞检测、管线排布、进度模拟和工艺模拟等分析。其中，机电管线综合碰撞检查、管线排布等需要 BIM 技术的应用，能够实现资源信息的协调性和统一性，有效查找施工过程中的问题并及时加以修正，从而增强三维可视化，减少设计变更和工程隐患。

（2）BIM 管理模型

利用基于算量的 BIM 相关软件或平台（如广联达 5D 平台），根据 BIM 技术模型建立 BIM 管理模型，实现工程进度管理、安全管理、质量管理和成本管理等方面的工作。通过 BIM 提供的工程清单信息、不同阶段的材料信息和工程造价信息等，可实现整个施工阶段的可视化管理。

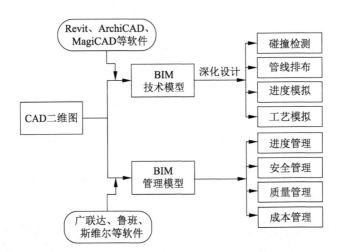

图 6-16　基于 BIM 的智慧工地建设功能实现

（3）功能实现

① 碰撞检测。通过土建结构模型和机电模型的叠加，在软件中对综合管线进行调整，避免不同系统之间的管线以及管线与结构的相互碰撞，有效协调各专业间的管线布管，保证各专业管线在实际施工过程中合理作业。图 6-17 为碰撞检测示意图。

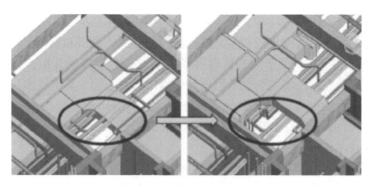

图 6-17　碰撞检测示意图

②工程量计算。将施工进度导入 BIM 管理模型中即可提取下一阶段所需的工程量。根据导入的施工进度，将其与工程量和清单关联，便可随时掌握各个施工阶段人员、材料、机械的使用情况和对应的资金成本情况。图 6-18 为工程量计算示意图。

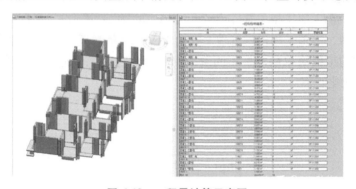

图 6-18　工程量计算示意图

③ 质量安全管理。BIM 技术也可以进行质量安全管理，对质量安全控制重点部位进行标记，时刻提醒项目人员重点关注。利用 BIM 管理模型对现场发生的质量安全问题进行分类统计，能更直观地反映施工现场发生的问题。图 6-19 所示为基于 BIM 的智慧工地安全质量管理示意。

图 6-19　基于 BIM 的智慧工地安全质量管理示意

6.7.3　智慧工地管理平台

1. 和谐工地

（1）人员管理系统（劳务实名制管理系统）

劳务实名制管理系统采用互联网思维，以大数据、云计算、物联网等信息技术为手段，以劳务实名制管理为突破口，以提高行业劳务管理水平为目标，逐步推动行业实现建筑工人的职业化、劳务管理的数字化、资源服务的社会化和政府监管的法制化。系统实现了对现场人员的管理及劳务实名制，配合门禁闸机系统，通过软硬件结合的方式，掌握施工现场人员的出入情况，实时、准确搜集人员的信息进行劳务管理。

将现场所有人员信息全部录入建筑工人劳务实名制管理平台进行登记，未登记则无法进入办公生活区，现场人员管理的主要工作内容如图 6-20 所示。现场入口设置全高闸门禁系统，实名制信息与门禁考勤相结合，人员采用一卡通+人脸识别的双识别方式进行管理。人员管理信息通过 5G 及无线网络传输，汇总至智慧建造平台，平台中可查询当前进场人数、工种及所属单位、人员考勤情况、人员分布热点，基本实现人员全透明管理。平台人员管理综合展示界面如图 6-21 所示。

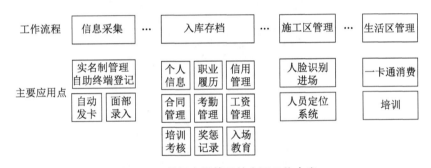

图 6-20　现场人员管理的主要工作内容

图 6-21　智慧建造平台人员管理综合展示界面

2. 绿色工地

① 环境监测系统（图 6-22a）。该系统适用于对各建筑施工工地、道路施工、旅游景区、码头、大型广场等现场实时数据的在线监测，其中监测的数据包括扬尘浓度、噪声指数及视频画面。通过物联网及云计算技术，实现了实时、远程、自动监控颗粒物浓度及现场数据的网络传输。

② 雨水收集系统（图 6-22b）。雨水收集的整个过程可分为五大环节，即通过雨水收集管道收集雨水并截污过滤到雨水收集池，储存雨水，过滤消毒，净化回用，收集到的雨水既可用于补充地下水，还可用于景观环境、绿化、洗车场用水，以及道路冲洗、冷却水补充、冲厕等，可以节约水资源。

③ 太阳能路灯光伏发电系统（图 6-22c）。该系统（风光互补路灯发电系统）由太阳能光伏组件（太阳能电池板）、蓄电池（或者锂电池）、太阳能控制器、配电箱、灯头、蓄电池箱、逆变器等构成。

(a) 环境监测系统

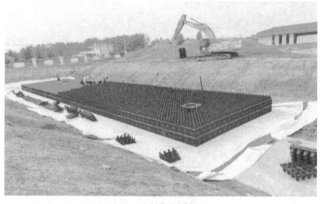

(b) 雨水收集系统

(c) 太阳能路灯光伏发电系统

图 6-22　绿色工地

3. 安全工地

① 智能塔吊可视系统（图 6-23a）。通过塔吊监控平台，管理成员能够清楚地看到塔吊的分布情况、操作情况；结合塔吊司机的考勤系统，可以清楚地看到现场塔吊的运行情况及危险报警统计分析；通过施工现场的远程视频监控系统，项目管理成员可以实时查看施工现场的情况。基于智能硬件采集+云端数据分析+多终端可视化打造的智能塔吊可视系统，由安装于塔吊吊臂、塔身及传动结构处的各类智能传感器、驾驶室的操作终端、塔司人脸识别考勤、无线通信模块，以及在远程服务器部署的可视系统组成。

② 智能安全帽管理系统（图 6-23b）。当工程临边洞口多，多种专业工程同时作业，立面交叉作业面极多时，这对安全施工来说是重大考验。通过智能安全帽系统可精准定位管理人员及作业人员，各单位安全管理人员可通过系统反馈作业人员定位进行实时监测，对相关人员进入交叉作业提前预警，提高安防的精准度和效率，实现精细化施工管理。智能安全帽包含传感器与语音报警系统，对施工现场作业人员脱下安全帽、不戴帽带的行为发出警告并记录，推送至相关负责人进行处罚，且统计并记录警告次数、处理时效等数据，大大提高了安全管理效率。

③ 施工电梯智能管控系统（图 6-23c）。该系统由监控机、显示屏、倾角传感器、重量传感器、门锁采集及抓拍摄像头、人脸识别器等组成。施工电梯安全管理是建筑安全管理中的一大难点。升降机作为一种常用的垂直起吊设备被使用于后期的内部装修期间，它的特点是作业人员较多，非专业人员操作极易造成安全事故。因此，加强对升降机的安全管理有重大而深远的意义。

④ 物料现场验收管理系统（图 6-23d）。物料验收系统的作用是实现大宗物资（如钢筋、混凝土）进、出场称重全方位管控，实现物料称重、称重数据存储、称重数据读取、即时拍照及物料验收偏差分析等功能，提高物资计量的运行效率，避免人为篡改记录和错误记录，实现全过磅流程的信息化管理。为了实现数字城市的目标，本工程所有材料进场及消耗情况通过信息平台进行登记录入。对于施工的主要材料及设备，考虑其

对建筑结构及运行有重要意义，结合 BIM 进行全生命周期追溯。项目的钢结构构件、机电设备、幕墙门窗等都拥有专业的 BIM 族文件，使用构件的 ID 生成二维码，并将该编码与加工厂的 ERP 系统进行对照关联，在构件上粘贴二维码或 RFID 芯片后可实时记录现场装配式构件的设计、加工、运输、安装的全过程。将形成的构件安装及验收记录上传至平台中，可通过扫码或射频感应设备在现场进行查看，也可经由专用账户在平台系统中进行查询，确保工程质量可追溯。

⑤ 红外热成像防火检测报警系统（图 6-23e）。该系统通过前端热成像双光谱载云台对防火监控区域内进行视频监控图像采集，实现 360°全方位监控。通过热成像重载云台的测距功能实现对着火点的智能识别，精准地自动定位；通过红外热成像防火系统的数据分析，一旦判定有火情时，系统指挥中心马上发出报警信号并将着火点的定位发送到监控室，及时通知相关值班人员清除火灾隐患。

⑥ 远程视频监控管理系统（图 6-23f）。该系统由前端硬件及后端软件组成，主要硬件设备有超高清摄像头、无线 Wi-Fi 盒子、无线电源盒子等。项目管理人员可对监控视频进行录入、回放、导出等操作，发现违规行为可及时予以制止。因高清监控均为数字信号，故本系统通过现有环境、架设光纤、无线传输的方式或者其他网络方式等将前端数字信号进行回传。

⑦ 工程管理系统。综合运用 BIM、GIS 等技术，对工程进度、工程质量等在云平台进行统一管理。

a. 工程进度管理：结合 BIM 与云平台，实现轻量化、移动化的施工进度管理，在云平台上展现施工生命周期，可作为施工安排的依据，进行施工时间的把控，为企业提供项目进度管理的新方式。

b. 工程质量管理：通过质量巡检对建筑质量进行检查，在 GIS 地图上标绘整改区域，在管理平台查询整改要求、统计整改事件、进行整改进度管控、建立质量档案等。

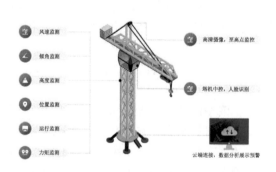

(a) 智能塔吊可视系统

(b) 智能安全帽管理系统

抓拍摄像头

人脸识别实名制

升降机监控主机

实时安全监测与数据记录　　预警与控制

采集数据

发出控制

门锁传感器　　重量传感器　　倾角传感器　　高度传感器

(c) 施工电梯智能管控系统

企业监控平台

互联网

项目部管控终端

(d) 物料现场验收管理系统

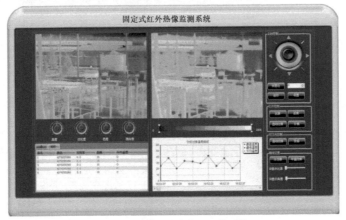

(e) 红外热成像防火检测报警系统

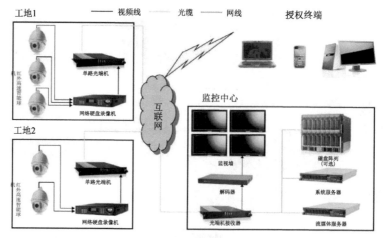

（f）远程视频监控管理系统

图 6-23　安全工地

4. 集成系统

① BIM 可视化集成系统。在智慧工地数字零件组成多、结构复杂、精度要求高、焊接顺序要求非常明确的决策系统——BIM 集成管理模块中，通过 BIM 模型使复杂节点可视化，极大地提高了现场施工人员对结构构件和节点的理解及领悟力，降低了因图纸理解错误而导致的经济损失；结合手机等移动终端 App 共享，现场施工人员可迅速查询所需构件、零件信息，极大地提高了工作效率和准确率。复杂管线和复杂节点的 BIM 可视化集成系统模型如图 6-24 所示。由图可知，管线和节点的布置非常复杂，这在建筑施工识图中对建筑施工人员的专业技术要求非常高。BIM 可视化模型则大大降低了建筑识图的难度，提高了建筑识图的准确性。

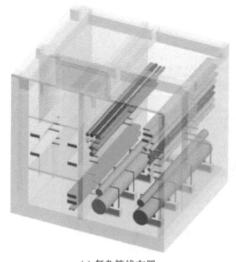
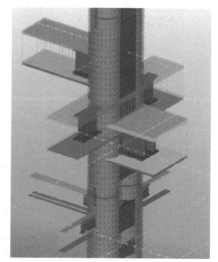

（a）复杂管线布置　　　　　　　（b）复杂节点

图 6-24　复杂管线和复杂节点的 BIM 可视化集成系统模型

② 基于 BIM 的现场综合管理系统。考虑到本项目应用 BIM 技术较多，各专业模型齐全，因此采用专业轻量化引擎对模型进行处理，并与原有业务进行结合，实现在技术、进度、质量、安全上的综合管理。协同化技术管理在平台设置共享云盘系统，用于项目资料的共享及归档，项目管理人员能根据权限访问提取信息。共享信息主要包含施工图纸、BIM 模型、施工方案、项目组织机构、项目大事记等，各类信息由归口部门信息专员上传及更新，利用手机或网页端可快速查询、在线查看。

③ 创新型进度管控。为科学指导现场进度，做好项目主要节点及里程碑计划的执行与预警分析，尝试将 BIM 模拟进度计划与实际进度进行对比分析。先按主要分部分项施工顺序编制计划，再将计划任务与轻量化 BIM 模型相关联，将计划任务节点生成列表，管理人员在现场完成后输入实际完成信息，实现工期进度的对比。当任务的实际开始时间滞后时将提前预警，任务实际完成时间拖延后会自动提示纠偏，为项目的生产提供科学的数据支撑。

④ 精细化质量管控项目。质量管理工作使用手机 App 端进行数据录入，通过填写质量问题及整改数据逐步建立质量管理数据库，统计每周或每月的质量问题数量、待整改回复问题数量、待复查问题数量、整改完成率等信息，项目质量管理人员能够通过平台完成质量部门的日常工作，质量管理的表单能够通过 BIM 模型参数相互关联。设置工程质量隐患、重点部位锚点，定时提醒智能巡查。

⑤ 在高效性安全管控现场发现安全管理隐患后，拍照并上传至平台，记录责任单位与个人，并流转至处理责任工程师。平台可统计近 1 个月的安全隐患数量、待整改回复的隐患数量、待复查的隐患数量、隐患整改完成率及重大危险源数量等信息。平台的使用提高了安全员日常的工作效率，任务下达后可持续追踪，直至隐患排查整改完毕。为便于复查及管理，平台 BIM 模型界面还以锚点展示形式记录安全巡检及过程检查的现场定位，可直观了解施工现场整体的安全生产状态。

6.7.4　现代工程建造服务平台——数字孪生

在建筑工程领域，数字孪生是基于 BIM 技术和物联网技术构建的，将建筑物的 BIM 模型与传感器和物联网技术相结合，实现针对建筑物的数据采集、存储和分析，为建筑物的全生命周期管理提供精准支持，使数字技术和实体建筑相结合并发挥最大价值。

数字孪生以高保真度的动态虚拟模型来仿真刻画物理实体的状态和行为，在虚拟空间提前预演或实时模拟物理实体的一切活动，能够将建筑物的设计、施工、运营和维护等信息进行整合和优化，提高项目决策的准确性和效率，使建筑全生命周期的信息得以完整保存和再使用。现代工程建造中，利用 BIM 技术、物联网、数字孪生、人工智能等技术的交叉融合，实现建造过程的信息融合和全面物联，体现其全新的建造和管理方式。

实现数字孪生需要大数据存储管理平台提供数据驱动，平台包括物理建造实体、虚拟建造模型和基于数字孪生的现代工程建造服务平台。物理建造实体是指真实的建筑物或设备，虚拟建造模型是指通过建立 BIM 模型、有限元模型、三维激光扫描点云模型等方式采集孪生数据，为获取实际数据，可以利用多传感器和其他数据采集设备进行感知和传输。这些设备可以搜集关于建造现场的各种数据，如温度、湿度、压力等。将实际数据与虚拟建造模型中的数据进行对比和验证，以确保模型的准确性。现代工程建造服务平台负责将数据传输到物理实体，以进行优化控制。这些数据可以用于实现智能设计、智能施工和智能运维等现代工程建造服务。通过对建造对象全生命周期数据的驱动，数字孪生可以提供统一的参考，辅助现代工程建造的实现。

简言之，数字孪生通过连接建造现场的数据和建造模型实现智能设计、施工和运维等现代工程建造服务的方法框架（图 6-25），利用实际数据和虚拟模型之间的对比验证为现代工程建造提供数据驱动的参考。

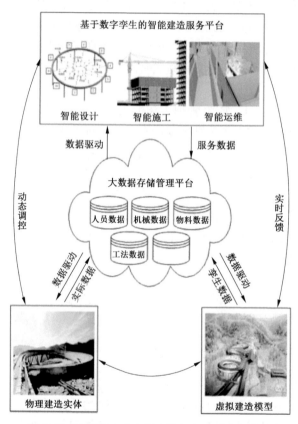

图 6-25　基于数字孪生的现代工程建造方法框架

1. 物理空间信息采集与传输

物理空间是一个复杂、动态的建造环境，由影响工程质量的五大要素、感知模块及网络模块组成。五大要素指施工人员、机械设备、物料、工法、环境（即人、机、料、法、环），是最原始的数据源，在建造活动中产生多源异构数据被传送至虚拟空间，同时接收虚拟空间的指令并作出相应反应。感知模块与网络模块分别负责数据的感知采集与数据向虚拟空间的传输，感知模块通过安装在施工人员或机械设备上的不同类型传感器来进行状态感知、质量感知和位置感知，同时采集多源异构数据；在此基础上，通过在网络模块中建立一套标准的数据接口与通信协议，实现对不同来源的数据的统一转换与传输，将建造活动的实时数据上传至虚拟空间，如图 6-26 所示。

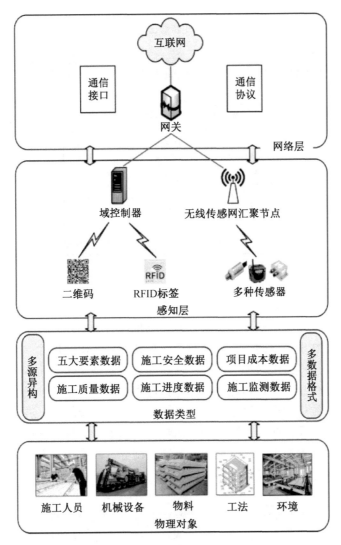

图 6-26　全要素信息采集与传输

2. 多维度尺度数字孪生模型建立

时间维数字孪生模型的建立，包括按照时间跨度划分的三个阶段：设计阶段、施工阶段和反馈修正阶段。在设计阶段，建立理论 BIM 模型与理论有限元分析模型，同时引入大数据技术进行数据搜集、挖掘，构建模型循环修正体系；在施工阶段，为施工模拟、施工方案比选等提供指导，物理空间利用传感器采集包含对象物理信息的实时数据，并利用三维激光扫描仪建立包含对象几何信息的点云模型，二者经数据融合后成为实际监测模型，可作为施工阶段物理对象的实时映射，准确反映真实施工情况；在反馈修正阶段，将点云数据链接到理论 BIM 模型中得到修正后的 BIM 模型，并提取新的关键节点坐标，得到修正有限元模型，二者共同作为修正模型，消除了实际施工误差，使得数字孪生模型更接近真实物理对象。时间维数字孪生模型的建立过程如图 6-27 所示。

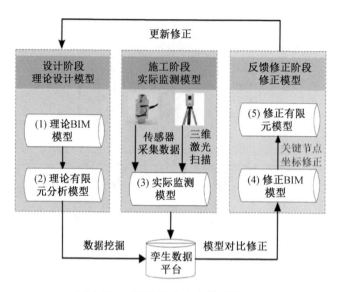

图 6-27　时间维数字孪生模型的建立

信息维数字孪生模型的建立是包含几何、物理、行为、规则模型在内的多种模型的深度融合。首先，在虚拟空间进行几何建模，反映物理实体的尺寸、大小、形状、位置关系等几何信息，形成三维模型。然后，通过安装在物理实体上的多类型传感器采集反映实体物理属性的信息，进行物理建模，包括应力、应变、疲劳、损伤等。将采集到的物理属性信息与三维模型进行融合，并赋予模型行为与反应能力，进行行为建模，可以对建造过程中的人工操作或者系统指令作出响应。最后，对建造物理实体的运行规律进行规则建模，包括评价规则、决策规则、预测规则等，并与行为模型关联，最终建立起信息维度的数字孪生模型，如图 6-28 所示。

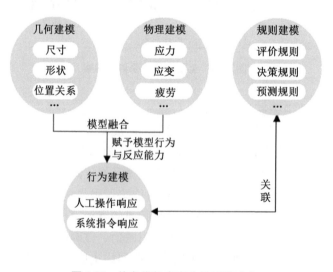

图 6-28　信息维数字孪生模型的建立

种类维数字孪生模型包括但不限于 BIM 模型、有限元模型、三维激光扫描点云模型等。这三类模型中，BIM 模型为虚拟空间提供可视化功能，将建造活动真实地进行模拟与展示，并提供人、机、料、法、环全要素信息；有限元模型进行建造过程实时力学仿真分析，模拟结构的力学性能；三维扫描点云模型提供建造过程的实时位形数据，确保几何模型与物理对象的高度一致。三者相互融合形成数字孪生模型，如图 6-29 所示。

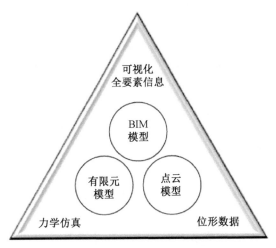

图 6-29　种类维数字孪生模型的建立

　　图 6-30 是从第九届广联达毕业设计大赛 F 模块装配式建筑数字设计与建造模块仁和致远队制作的数字孪生工厂视频中截取的图片，视频可以通过扫描二维码观看。

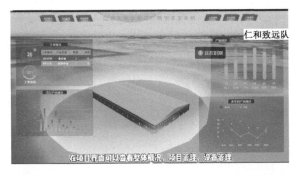

数字孪生工厂

图 6-30　数字孪生工厂

本章练习题

思考题

1. BIM+VR 技术可以在项目的哪些阶段发挥关键作用？请提供一个具体案例加以说明。

2. 在采集和处理点云数据方面可能面临哪些挑战？

3. 如何确保点云数据的精确性和一致性？

4. 解释参数化建模在 BIM 中的作用，以及如何利用工具（如 Dynamo）实现更高效的设计。

5. 详细说明现代工程建造服务平台数字孪生的概念和价值。

6. 在数字孪生中，实际项目如何与其虚拟模型相互作用？

7. 分析 BIM 技术在智慧工地应用中的挑战。

8. 智慧工地管理平台如何帮助提高施工效率？

9. 在项目的全生命周期中，哪些领域可以通过 BIM 优化资源使用、能源效率和环保实践？

10. 针对 BIM+技术的快速发展，预测未来几年内可能出现的新技术趋势。这些趋势将如何影响工程建造行业的发展和项目的实施？

参考文献

［1］刘占省，赵雪锋．BIM 基本理论［M］．北京：机械工业出版社，2018.

［2］陆泽荣，刘占省．BIM 技术概论［M］．2 版．北京：中国建筑工业出版社，2018.

［3］张建平．前言［C］//中国图学学会建筑信息模型（BIM）专业委员会．第六届全国 BIM 学术会议论文集．北京：中国建筑工业出版社，2020：3.

［4］聂昊，任广林．BIM 技术在绿色建筑设计中的应用［J］．中国建筑装饰装修，2023，261（9）：62-64.

［5］李益，常莉．BIM 技术概论［M］．北京：清华大学出版社，2019.

［6］郭红领，潘在怡．BIM 辅助施工管理的模式及流程［J］．清华大学学报（自然科学版），2017，57（10）：1076-1082.

［7］章学军，金泓帆．BIM 在我国的发展现状概论［J］．广东土木与建筑，2022，29（4）：14-17.

［8］王茹．BIM 技术导论［M］．北京：人民邮电出版社，2018.

［9］赖华辉，邓雪原，刘西拉．基于 IFC 标准的 BIM 数据共享与交换［J］．土木工程学报，2018，51（4）：121-128.

［10］张峰．市政工程信息模型交付标准的研究［J］．公路，2017，62（11）：146-150.

［11］王巧雯，张加万，牛志斌．基于建筑信息模型的建筑多专业协同设计流程分析［J］．同济大学学报（自然科学版），2018，46（8）：1155-1160.

［12］杰德尔别克·马迪尼叶提，牛志伟，蒯鹏程，等．基于 Revit 及 Navisworks 软件的泵站 BIM 模型及其应用［J］．水电能源科学，2018，36（6）：92-95.

［13］袁勋，许超，包志毅．Lumion 软件在植物景观设计中的应用［J］．福建林业科技，2013，40（4）：11-116，130.

［14］李建成，王广斌．BIM 应用·导论［M］．上海：同济大学出版社，2015.

［15］丁烈云．BIM 应用·施工［M］．上海：同济大学出版社，2015.

［16］刘云平，解复冬，瞿海雁．BIM 技术与工程应用［M］．北京：化学工业出版社，2020.

［17］崔德芹，王本刚．工程造价 BIM 应用与实践［M］．北京：化学工业出版社，2019.

［18］李伟，张洪军．施工项目管理中的 BIM 技术应用［M］．北京：化学工业出版社，2020．

［19］刘占省，孙啸涛，史国梁．智能建造在土木工程施工中的应用综述［J］．施工技术，2021，50（13）：40-53．

［20］李占鑫．基于 BIM 技术的大型商业项目运维管理的研究［D］．天津：天津大学，2017．

［21］邱贵聪，杨洁，陈一鸣．BIM+VR、AR 应用研究［J］．土木建筑工程信息技术，2018，10（3）：22-27．

［22］周静，许骏，叶伟阳．BIM+VR 的建筑设备运维管理目标实现与对策分析［J］．长春工程学院学报（社会科学版），2019，20（4）：91-93．

［23］韩莹，苏鑫昊，王帅．基于 3Ds Max 与 Unity3D 三维高层火灾逃生场景建模［J］．信息与电脑，2017，6：94-96．

［24］李俊宝．TLS 在古建筑物测绘及建模中的应用研究［D］．西安：长安大学，2015．

［25］刘占省，刘诗楠，赵玉红，等．智能建造技术发展现状与未来趋势［J］．建筑技术，2019，50（7）：772-779．

［26］刘创，周千帆，许立山，等．"智慧、透明、绿色"的数字孪生工地关键技术研究及应用［J］．施工技术，2019，48（1）：4-8．

［27］XU J Y，LU W S．Smart construction from head to toe：a closed-loop lifecycle management system based on IoT［C］．Construction Research Congress，New Orleans，Louisiana，APR 02-04，2018．

［28］LUO L J，HUANG X P．Research on intelligent general aviation construction under the background of new infrastructure construction［J］．Journal of Innovation and Social Science Research，2020，7（6）：160-164．

［29］NEGRI E，FUMAGALLI L，MACCHI M．A review of the roles of digital twin in CPS-based production systems［J］．Procedia Manufacturing，2017，11：939-948．

［30］李益，常莉．BIM 技术概论［M］．北京：清华大学出版社，2019．

［31］朱晓荣，齐丽娜，孙君，等．物联网与泛在通信技术［M］．北京：人民邮电出版社，2010．

［32］何清华，钱丽丽，段运峰，等．BIM 在国内外应用的现状及障碍研究［J］．工程管理学报，2012，28（1）：5．

［33］张洋．基于 BIM 的建筑工程信息集成与管理研究［D］．北京：清华大学，2011．

［34］曾勇．大跨度悬索桥设计寿命期内的监测、维护与管理策略研究［D］．上海：同济大学，2009．

［35］王欣．基于 BIM 的桥梁建模及运维的应用研究［D］．苏州：苏州科技大学，2020．

［36］陈国佳．基于 BIM 技术的桥梁工程运维管理平台构建研究［J］．城市道桥与

防洪，2022（4）：158-162，20.

[37] 施继余，胡瑛，张玮．基于 BIM 的物业隐蔽工程显化处理方法［J］．昆明冶金高等专科学校学报，2022，38（4）：79-84.

[38] 李明柱，吕彩霞，张钰宁．基于 BIM 模型的公共建筑运维数据应用研究［J］．智能建筑与智慧城市，2023（2）：102-104.

[39] 孙丽娜．BIM 技术在建筑运维中的应用［J］．佛山陶瓷，2023，33（3）：57-59.

[40] 尹宗兴，高春彦．高层建筑火灾模拟及人员疏散安全性研究［J］．基建管理优化，2022（2）：7-11.

[41] 张璇．BIM 技术在绿色建筑全生命周期中的应用研究［D］．大庆：东北石油大学，2018.

[42] 倪红慧．智慧物业管理的思考与应用［J］．住宅科技，2021，41（7）：58-61.

[43] 汪红梅，李春光，解斌．基于 BIM+实景三维+物联网技术的智慧物业管理服务平台研究［J］．中国建设信息化，2022（21）：59-61.

[44] 许蕾．绿色建筑全寿命周期建设工程管理和评价体系研究［D］．济南：山东建筑大学，2015.